わかる！使える！
ダイカスト入門

西 直美 [著]
Nishi Naomi

日刊工業新聞社

【 はじめに 】

鋳造法は、金属を溶かして、砂や鉄などの金属で作った鋳型の中に鋳込んで冷やして固める金属加工方法の1つです。鋳造法は、紀元前4,000年頃にメソポタミア地方で始まったとされ、その歴史は6,000年にも及びます。ダイカストが鋳造の歴史に登場したのは、産業革命終盤の1838年で、アメリカのD.Bruce（D.ブルース）によって手回し式の活字鋳造機が発明されたことに始まります。6,000年を1日の24時間にたとえると、ダイカストは午後11時17分に誕生したことになります。日本でダイカストが始まったのは1917年ですから、100年そこそこ経過したことになります。1日の24時間にたとえると午後11時36分に始まったことになります。

いずれにしても鋳造の歴史の中においてダイカストの歴史は非常に短いと言えます。しかし、今日ではダイカストは、自動車、オートバイといった輸送機器、家電製品、一般機械、日用品などのさまざまな工業製品の製造法として不可欠な存在となっています。

著者は、この鋳造あるいはダイカストを中心とした鋳物の研究・開発に30年以上携わってきました。これまで、日刊工業新聞社から「トコトンやさしい鋳造の本」(2015)、「絵とき『ダイカスト』基礎のきそ」(2015)、「わかる！使える！鋳造入門」(2018) を発行させていただきました。さらに、今回「わかる！使える！」シリーズのダイカスト入門のお話をいただきました。「わかる！使える！鋳造入門」では、第4章にダイカストを取り上げましたが、今回はダイカストに特化した内容となっています。

「わかる！使える！」シリーズは、キャリア1〜3年程度の初心者・初級向けの「実務に役立つ入門書」がコンセプトになっています。これまでの入門書では扱われなかった実作業に即した準備・段取りにフォーカスしたシリーズで、本書もできる限り具体的に書きました。

本書は、4章で構成されています。第1章ではダイカストの基礎を取り上げ用途・歴史などの基礎知識、ダイカスト用合金、ダイカストマシンと周辺装置、ダイカスト用金型について解説しています。第2章では、ダイカスト設計の実際として、製品設計、鋳造方案設計、金型設計の基礎を解説しています。第3章では鋳造作業の実際として、溶解作業、鋳造作業の準備・段取りと実作業、後処理作業について解説しています。また、第4章では、ダイカストのトラブルと対策として、ダイカスト金型の損傷と対策、ダイカストの品質と鋳造欠陥対策、ダイカストの高品質化技術について解説しています。

　また、第1章から4章のコラムでは、本文では紙面の関係上解説できなかった鋳造欠陥について取り上げて解説しました。

　字数、ページ数の制約の関係から十分説明できてないところもあるかと思いますが、できる限り図表を用いてわかりやすく解説したつもりです。本書が読者の皆様のお役に立てていただけたら幸いです。

　最後に、本書の執筆機会をいただいた日刊工業新聞社出版局長の奥村功さま、企画や編集作業などでご助言をいただいたエム編集事務所の飯嶋光雄さまに心より感謝の意を表します。

　また、（一社）日本ダイカスト協会はじめ、各方面から貴重な資料をご提供いただきました。紙面を借りて厚く御礼申し上げます。

　2019年8月　　　　　　　　　　　　　　　　　　　　　　西　　直美

わかる！使える！ダイカスト入門

目　次

【第1章】
これだけは知っておきたい
ダイカスト基礎のきそ

1　ダイカストの基礎知識

- ・ダイカストの定義と特徴・**8**
- ・他の鋳造法との比較・**10**
- ・ダイカストの用途・**12**
- ・ダイカストの歴史・**14**

2　ダイダイカスト用合金の種類と特徴

- ・JIS規格に規定されているアルミニウム合金・**16**
- ・JIS合金以外のアルミニウム合金・**18**
- ・亜鉛合金・**20**
- ・マグネシウム合金・**22**
- ・その他の合金・**24**

3　ダイカストマシンと周辺装置

- ・ダイカストマシンの構造と射出動作・**26**
- ・ダイカストマシンの原理を理解する（その1）・**28**
- ・ダイカストマシンの原理を理解する（その2）・**30**
- ・コールドチャンバーマシン・**32**
- ・ホットチャンバーマシン・**34**
- ・周辺装置・**36**

4　ダイカスト金型

- ・ダイカスト金型の構造・**38**
- ・金型に使用される材料・**40**
- ・ダイカスト金型の熱処理・表面処理・**42**

3

【第2章】
ダイカスト設計の実際

1 ダイカスト設計の概要

- 量産までの工程・**46**

2 製品設計

- 肉厚の設定・**48**
- 抜勾配と鋳抜穴の設定・**50**
- 寸法公差の設定・**52**
- 鋳肌と削り代の設定・**54**
- アンダーカット・**56**
- その他の設計要素の設定・**58**

3 鋳造方案設計

- ダイカストの鋳造方案・**60**
- 許容充填時間の設定・**62**
- ゲートからの溶湯の流出とJ値・**64**
- P–Q^{2}線図を理解する(その1)・**66**
- P–Q^{2}線図を理解する(その2)・**68**
- CAE解析とその流れ・**70**
- 射出スリーブおよびランナーを設計する・**72**
- ゲートランナーおよびゲートを設計する・**74**
- オーバーフローおよびエアベントを設計する・**76**

4 金型設計

- キャビティレイアウトと金型分割を設定する・**78**
- 縮み代を設定する・**80**
- 金型の大きさを設定する・**82**
- 押出ピンの設定・**84**
- 金型冷却の設定・**86**

【第**3**章】
鋳造作業の実際

1 溶解作業

- 溶解原材料・**90**
- アルミニウム合金の溶解・**92**
- 脱ガス処理とその検査・**94**
- 脱滓処理とその検査および化学組成の検査・**96**
- 亜鉛合金の溶解・**98**
- マグネシウム合金の溶解・**100**

2 鋳造作業の準備・段取りと実作業

- プランジャーチップ潤滑剤と離型剤の選定・**102**
- 鋳造条件の設定①（鋳込温度・金型温度・充填時間）・**104**
- 鋳造条件の設定②（射出速度）・**106**
- 鋳造条件の設定③（鋳造圧力・キュアリングタイム・サイクルタイム）・**108**
- 鋳造作業①（金型清掃、離型剤・チップ潤滑剤塗布）・**110**
- 鋳造作業②（型締、注湯、射出）・**112**
- 鋳造作業③（増圧、キュアリング）・**114**
- 鋳造作業④（型開き、離型、製品取出し）・**116**

3 後処理作業

- トリミングと鋳バリ取り作業・**118**
- ひずみ取り作業と熱処理作業・**120**
- 機械加工作業・**122**
- 含浸処理作業・**124**
- 表面処理作業・**126**
- ダイカストの検査作業・**128**
- 機械的性質の検査・**130**

【第4章】 ダイカストのトラブルと対策

1 ダイカスト金型損傷と対策

- 金型損傷の種類・**134**
- ヒートチェックとその対策・**136**
- 型割れとその対策・**138**
- 焼付きとその対策・**140**
- 型侵食とその対策・**142**
- その他の金型損傷とその対策・**144**

2 ダイカストの品質と鋳造欠陥対策

- ダイカストの品質と鋳造欠陥の種類・**146**
- 鋳バリとその対策・**148**
- 湯流れ欠陥とその対策・**150**
- めくれ・はがれとその対策・**152**
- 鋳巣欠陥とその対策・**154**
- 割れ欠陥とその対策・**156**
- 破断チル層とその対策・**158**
- ハードスポットとその対策・**160**

3 ダイカストの高品質化技術

- 特殊ダイカスト法の種類・**162**
- 低速充填ダイカスト・**164**
- セミソリッドダイカスト・**166**
- 高真空ダイカスト・**168**
- PFダイカスト法、局部加圧技術・**170**

コラム いろんな「鋳造欠陥」

- 寸法上の欠陥・**44**
- 外部欠陥（その1）・**88**
- 外部欠陥（その2）・**132**
- 内部欠陥・**172**

- 参考文献・**173**
- 索　引・**174**

【 第 **1** 章 】

これだけは知っておきたい
ダイカスト基礎のきそ

1 ダイカストの基礎知識

ダイカストの定義と特徴

❶ダイカストの定義

　ダイカストは、アルミニウム合金、亜鉛合金、マグネシウム合金、銅合金などの溶融金属（溶湯）を精密な金型の空洞（キャビティ）の中に高速で充填した後に高い圧力をかけることで、精度が良く鋳肌の優れた鋳物を短時間にハイサイクルに生産する鋳造方式です。また、同方法により得られる製品も「ダイカスト」と呼ばれます。ダイカストの「ダイ（Die)」は「金型」で、「カスト（Cast)」は鋳物のことを指します。

❷ダイカストの特徴

　高い寸法精度：ダイカスト製品は、高い寸法精度を有します。**図1-1-1**に、ダイカスト、精密鋳造、金型鋳造、砂型鋳造の寸法精度を示します。JIS B 0403鋳造品「寸法公差方式および削り代方式」には、鋳造品の寸法精度を示す公差等級CT1〜16が規定されています。数値の小さい方が精度に優れ、アルミニウム合金ダイカストはCT5〜7の等級に相当します。砂型鋳造のCT9〜12、金型鋳造のCT6〜8と比較して寸法精度が高く、精密鋳造のCT4〜6に近い精度であることを示しています。また、亜鉛合金ダイカストの公差等級はCT4〜6で、アルミニウム合金ダイカストよりも高い寸法精度が得られます。

　美麗な鋳肌：ダイカストは、溶融金属を金型キャビティに充填した後に、30〜80MPaの高い圧力をかけることで金型と密着するために、美麗で平滑な鋳肌が得られます。

　薄い肉厚：ダイカストの肉厚は、小物ダイカストで0.8〜3.0mm、大物ダイカストで2.0〜6.0mmです。7mm以上になると、鋳巣などの内部欠陥が多く発生します。

　微細な鋳造組織：ダイカストは、砂型鋳造や金型鋳造に比べて冷却速度が速いため、より微細な鋳造組織が得られます（**図1-1-2**）。

　高い強度：ダイカストは鋳造組織が微細なので、**表1-1-1**に示すように鋳放し（鋳のまま）では砂型鋳造や金型鋳造よりも高い強度が得られます。

　高い設計自由度：ダイカストは鋳抜きが容易で、寸法精度、鋳肌面粗度に優れているので、最終形状に近い鋳物が得られます。そのため、設計自由度に優

8

れているという特徴があります。しかし、鋳型は金属で構成されるため、アンダーカットのある鋳物には不向きです。

鋳込み金具の使用：ダイカストは、他の金属材料（鋳込み金具）を金型内に入れ、正確な位置に機械的に接着する（鋳包みと言う）ことができます。鋳込み金具を利用することで、ダイカスト合金では得られない硬さ、強度、耐摩耗性などが容易に得られます。

ニアネットシェイプ化：ダイカストは寸法精度が良く、面削、バフ加工、機械加工等を減少させることができ、ニアネットシェイプ化（最終製品に近い形状を得ること）が可能です。

図 1-1-1　アルミニウム合金鋳造品の寸法公差 (JIS B 0403)

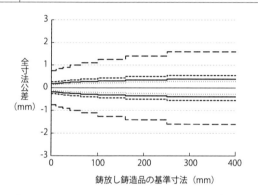

図 1-1-2　アルミニウム合金鋳物のミクロ組織の例

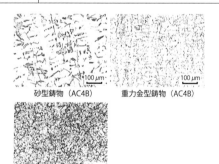

表 1-1-1　鋳放し鋳造品の実体強さの例

鋳造法	鋳造合金	実体強さ、MPa（鋳放し材）
砂型鋳造	AC2A	123～150
	AC4C	111～127
金型鋳造	AC4B	186～249
	AC4C	99～176
ダイカスト	ADC10	241～265
	ADC12	227～248

（出典：軽金属協会編「アルミニウム鋳鍛造技術便覧」カロス出版（1991）、（一社）日本ダイカスト協会編「アルミニウム合金ダイカストの実態強度と顕微鏡組織」（2011））

要点　ノート

ダイカストは、精密な金型に溶湯を高速・高圧で射出、充填する鋳造法で短時間に薄肉で寸法精度に優れた鋳物を生産することができる。自動車部品を中心にさまざまな部品に使用されている。

【1 ダイカストの基礎知識

他の鋳造法との比較

❶鋳造法の種類

　鋳造法には、さまざまな種類があり、代表的なものには砂型鋳造法、精密鋳造法、金型鋳造法、低圧鋳造法、ダイカストがあります。表1-1-2に示すようにそれぞれ長所、短所があります。鋳造材料、鋳造品によって使い分けられています。

❷砂型鋳造法

　砂型鋳造法は、砂で作った鋳型に溶湯を流し込んで鋳物を作る方法で、古くから行われています。鋳造する度に鋳型を作る必要がありますが、鋳型の製作コストが安く、設備も少なくてすみます。砂型は、上下2個また数個の型枠（鋳枠と言う）を使い、その枠を用いて型込めし、これを組み合わせて鋳型を作ります。砂型の種類はさまざまありますが、主なものとして生型砂、自硬性鋳型、ガス硬化性鋳型、熱硬化性鋳型があります。また、特殊な鋳造法として、発泡スチロールで作製した模型を乾燥砂中に埋め込んで注湯して発泡スチロール模型を気化させて溶湯と置き換える消失模型鋳造法、プラスチック成形フィルムで覆った鋳型内を吸引力によって減圧して鋳物砂を造型して注湯するVプロセスなどがあります。砂型鋳造は、鋳鉄、鋳鋼、銅合金、アルミニウム合金などさまざまな鋳造合金に対応できます。

❸精密鋳造法

　精密鋳造法は、複雑で寸法精度に優れ、鋳肌がきれいな製品を作る鋳造法としてアクセサリーから航空機部品まで広く使用されています。鋳造法には、模型を蝋や樹脂で作り耐火物微粉で鋳型を作るインベストメント法（ロストワックス法）、石膏で鋳型を作るプラスターモールド法、蝋模型にセラミックスをコーティングした後、焼成して鋳型を作るセラミックスモールド法などがあります。精密鋳造法ではさまざまな金属の鋳造が可能です。

❹金型鋳造法

　耐熱鋼あるいは鋳鉄などの金属製の鋳型（これを金型と言う）のキャビティに重力を利用して溶湯を流し込んで鋳物を作る方法を金型鋳造法と言います。あるいは重力金型鋳造法と言います。砂型鋳造に比較して、寸法精度・鋳肌・

10

第1章 これだけは知っておきたい ダイカスト基礎のきそ

機械的性質に優れることから耐圧性や強度が要求される製品に適用されます。金型鋳造はアルミニウム合金、マグネシウム合金、銅合金などに適用されます。

❺低圧鋳造法

　低圧鋳造法は、金型鋳造法と同様に金属でできた型を用いる鋳造法の一種です。金型鋳造法が重力を利用して金型のキャビティに溶融金属を鋳込むのに対して、低圧鋳造法は密閉された保持炉内に0.01〜0.1 MPaの空気圧を作用させて溶湯を鋳込みます。溶湯が凝固した後、保持炉内を大気圧に開放して製品部以外の未凝固の溶湯がるつぼ内に戻るので歩留まりが良いことが特徴です。

表 1-1-2 各種鋳造法の長所・短所比較

	概　略	長　所	短　所
砂型鋳造	木型や樹脂型で作った模型を砂の中に埋没させてできた空洞に溶湯を鋳込んで鋳物を作る鋳造法	・多品種少量生産に向いている ・形状の自由度があり、複雑な形状や大きな鋳造物が成形できる ・初期投資（型費用）が安い ・試作期間が短時間で済み、短納期に対応しやすい	・寸法精度が悪い ・鋳肌面が粗い ・大量生産の製品には適さない ・冷却速度が遅いため組織が粗大で機械的性質に劣る
精密鋳造	樹脂や蝋で模型を作り、石膏やセラミックスで鋳型を作り、溶湯を鋳込んで寸法精度の優れた鋳物を作る鋳造法	・表面が滑らかで寸法精度に優れる ・鋳型の分割が不要で、自由な鋳物設計が可能 ・装置化、自動化が容易 ・ほとんどすべての材質に適用	・大型鋳物ができない ・凝固速度が遅く収縮欠陥が発生しやすい ・鋳型の生産性に劣る ・歩留まりが悪い
金型鋳造	金属で鋳型を作り、重力を利用して溶湯を金型内に鋳込んで鋳物を作る鋳造法	・小ロットの製品よりも中量生産以上に向いている ・砂型鋳造に比べ冷却速度が速く、組織が緻密で機械的性質に優れた鋳物を製造できる ・金型を用いるため、鋳肌がきれいで寸法精度が良い ・金型を使用するため寸法精度、鋳肌が良い ・T6、T7熱処理、溶接ができる ・中子を使用することで複雑なアンダーカット形状が成形できる	・初期投資（型費用）が砂型鋳造に比べて高い ・試作期間が長い ・複雑で大型な鋳物製作に不向き ・5mm以下の薄肉品には不向き
低圧鋳造	溶融金属を密閉された保持炉内に0.01〜0.1MPaの空気圧を作用させて溶湯を低圧・低速で金型に充填し鋳物を成形する鋳造方法	・押湯がないので、鋳物の鋳造歩留りが高い（90%以上） ・砂中子を用いた薄肉の複雑形状の鋳物ができる ・ひけ巣やガス欠陥などの内部欠陥が少ない ・砂型鋳造や重力鋳造に比較して寸法精度が高い ・鋳造材料の範囲が広い ・ダイカストより設備費が安い ・自動化しやすい	・ストークを通しての溶湯供給が、押湯を兼ねるため、湯口の位置や数が制約され、重力鋳造に比べて自由度が少ない ・金型温度が高いため、鋳造サイクルが長い ・保持炉内で溶湯の上下があるため、介在物生成やガス含有の可能性が高い
ダイカスト	精密な金型に溶融金属を高速・高圧で射出・充填して鋳物を成形する鋳造法	・生産性に優れる（ハイサイクルで鋳造できる） ・寸法精度に優れる ・鋳肌が滑らかで美麗である ・薄肉鋳物に向いている ・金属組織が緻密で、鋳放しでの機械的性質に優れる ・リサイクルが容易である ・鋳抜き穴が容易に作れる ・インサートの利用が容易である ・大量生産に向いている	・製品内のガス量が多く、溶接やT6熱処理ができない ・鋳造による欠陥発生が多い ・アンダーカットが不得意（特に中空品は難しい） ・設備費、金型費が高い ・小量生産には不向き

要点 **ノート**

鋳造法には、ダイカスト以外にも砂型鋳造法、精密鋳造法、金型鋳造法、低圧鋳造法などがあり、鋳造材料や鋳造品の仕様によってはダイカスト以外の鋳造法を選択することが必要な場合がある。

【1 ダイカストの基礎知識

ダイカストの用途

❶ダイカストの用途

　ダイカストに使われる合金には、アルミニウム合金、亜鉛合金、マグネシウム合金、銅合金などがあります。詳細は第2節を参照してください。用途は一般機械用、電気機械用、自動車用、二輪自動車用、その他用があり、自動車用がアルミニウム合金では約9割、亜鉛合金では約5割を占めます。なお、その他のダイカストにはマグネシウム合金と銅合金が含まれます。

　表1-1-3に合金別ダイカストの用途例を示します。

❷アルミニウム合金ダイカスト

　アルミニウム合金は、密度が約2.7g/cm^{3}と軽量で耐食性に優れ、経年寸法変化が少ないことからダイカスト合金の中ではもっとも多く用いられ、ダイカスト全体の約97.9％を占めており、多くの産業分野で使用されています。図1-1-3は自動車エンジン用のシリンダーブロックに使用されている例です。

❸亜鉛合金ダイカスト

　亜鉛合金は、薄肉で複雑な形状の鋳物が製造可能で、寸法精度が高く、優れた機械的性質、特に衝撃値が高く、めっきなどの表面処理性にも優れています。ただし、密度が6.6g/cm^{3}と大きく軽量化には不向きです。また、伸びや衝撃値は、0℃以下では低い値（－20℃での伸びは室温の1/2、衝撃値は1/10）を示すので寒冷地での使用には注意が必要です。図1-1-4に自動車のドアハンドルに使用されている例を示します。

❹マグネシウム合金ダイカスト

　マグネシウム合金は、密度が約1.8で鉄の1/4、アルミニウムの2/3と小さく実用金属中でもっとも軽量です。また、振動吸収性や耐くぼみ性に優れています。これらの特徴から、自動車のステアリングホイールや携帯電話の筐体などに使用されています。図1-1-5はノートパソコン筐体の使用例です。

❺銅合金ダイカスト

　銅合金は、電気・熱伝導性に優れ、強度が高く、耐食性に優れています。密度は8.9g/cm^{3}と大きく重い金属です。また、融点（黄銅の場合）が900℃程度と高いためダイカストしにくい材料です。図1-1-6は水栓金具の例を示しま

す。その他、玄関用ドアハンドルや蝶番、配線用フロアーユニットなどの建築関連の部品があります。

❻その他の合金

その他の合金には、錫合金、鉛合金などがありますが、今日ではごく一部の特殊な用途に限られています。

表 1-1-3 合金別ダイカストの用途例

合金	用途例
アルミニウム合金	シリンダーブロック、トランスミッションケース、シリンダーヘッドカバー、シフトフォーク、農機具用ケース類、ハードディスクケース、電動工具、ミシンアーム、ガス器具、床板、エスカレーター部品、二輪車ハンドレバー、ウインカーホルダー、船外機プロペラ・ケース、カーエアコンシリンダーブロック、ハウジングクラッチなど
亜鉛合金	ステアリングロック、シートベルト巻取金具、ビデオ用ギヤ、ファスナーつまみ、自動車ラジエターグリルカバー、モール、自動車ドアハンドル・ドアレバー、PCコネクター、自動販売機ハンドル、業務用冷蔵庫ドアハンドルなど
マグネシウム合金	クラッチカバー、インテークマニホールド、シリンダーヘッドカバー、チェーンソーケース、デジタルカメラ筐体、ノートパソコン筐体、フライ用リール、エアバックケース、ECUケース、ステアリングメンバー、シートフレームなど
銅合金	配線用フロアーユニット、配電用フロアーコンセント、境界等表示板、水栓金具、ブレーカー用端子台、玄関錠ドアハンドル、玄関ドア蝶番など

図 1-1-3 自動車エンジン用のシリンダーブロック

（アルミニウム合金）

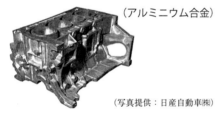

（写真提供：日産自動車㈱）

図 1-1-4 自動車のドアハンドル

（亜鉛合金）

図 1-1-5 ノートパソコンの筐体

（マグネシウム合金）

図 1-1-6 水栓金具

（銅合金）

（写真提供：㈱飯田工業）

> **要点ノート**
>
> ダイカストは、寸法精度に優れ鋳肌も美麗なことから、さまざまな部品として使用される。中でもアルミニウム合金は薄肉・軽量で自動車部品を中心に広く使用されている。

❲1❳ ダイカストの基礎知識

ダイカストの歴史

❶ダイカストの起源

　ダイカストの歴史は、1838年にアメリカのデイビッド・ブルース（David Bruce）が手動式の活字鋳造機を発明したことに始まります。鋳物の始まりは、紀元前4,000年頃のメソポタミア地方とされるので、ダイカストの歴史はそれに比べてわずかになります。図1-1-7に、ブルースが1943年に特許出願した手回し式活字鋳造機を示します。活字合金（Pb-Sb-Sn）をメルティングポット内で溶解し、ホイールを一回転すると、型締め、射出、型開き動作を行うことができます。

　1905年に、アメリカのハーマン・H・ドーラー（Herman H. Doehler）は、活字鋳造機の原理を応用して、図1-1-8に示すプランジャー式ダイカストマシンを開発し、世界初のダイカストの商業生産を開始しました。1907年には、アメリカのジョセフ・ソス（Joseph Soss）が、手動式横型トグル型締めプランジャー式ホットチャンバーマシンを開発し、世界ではじめてダイカストマシンを市販しました。

　1915年、ドーラーは世界ではじめて、移動グースネック式ダイカストマシンでアルミニウム合金ダイカストの商業生産を開始しました。1926年、チェコのジョセフ・ポーラック（Joseph Polak）が、横型締め、縦射出の水圧式コールドチャンバーダイカストマシンを開発し、アルミニウム合金ダイカストの品質が向上して自動車部品や航空機部品などに使用されました。その後、油圧式の横型締め・横射出のダイカストマシンが登場し、今日のダイカストへと発展しました。

❷日本におけるダイカストの歴史

　日本では、1917年9月にダイカスト合資会社が設立され、ダイカストの歴史が始まりました。日本でダイカストの工業化が進展したのは1930年頃です。アルミニウムを中心とする軽金属が注目を集め、航空機部品、自動車部品、光学機器部品などの生産が行われました。1935年頃には、航空機の空冷エンジンの部品や自動車部品など、大型ダイカストの生産が始まります。第二次世界大戦後、ダイカストは民需産業で発展を続けました。図1-1-9に日本における

14

1950年以降のダイカストの生産推移を示します。

　1973年の第1次オイルショック、1980年の第2次オイルショックにより、ダイカストの生産量は、一時的に減少しました。しかし輸出需要は好調で自動車生産台数が増加し、それに伴いダイカストの生産量も増加し続けました。1990年代初頭には、バブル崩壊による経済停滞期を迎えました。その後、自動車関連、電機関連を中心に、ダイカストの生産品種・生産量は増加しました。特に2002～2007年は自動車の輸出が好調でダイカストの生産量も伸びました。2008年、リーマンショックの影響で生産量はバブル崩壊直後と同程度まで落ち込んだものの、2010年には回復し、その後100万t前後で推移しています。

| 図 1-1-7 | ブルースが発明した手回し式活字鋳造機 | 図 1-1-8 | ドーラーが発明したプランジャー式ダイカストマシン |

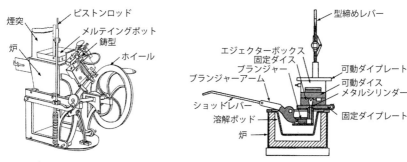

図 1-1-9　日本における 1950 年以降のダイカストの生産推移

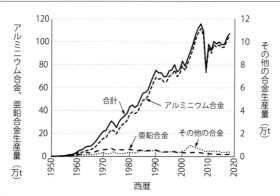

要点 ノート

鋳造の歴史は約 6000 年あると言われるが、ダイカストは今から 180 年ほど前に活字鋳造機が発明されたことに始まる。日本では 100 年ほどの歴史しかない比較的新しい鋳造法である。

【2 ダイカスト用合金の種類と特徴

JIS規格に規定されている
アルミニウム合金

❶アルミニウム合金ダイカストの種類

　ダイカスト用のアルミニウム合金地金は、JIS H 2118：2006に規定され、ア
ルミニウム合金ダイカスト（製品規格）はJIS H 5302：2006に規定されてい
ます。**表1-2-1**は、日本で使用されている主なアルミニウム合金ダイカストの
種類と用途例、**表1-2-2**は化学組成です。アルミニウム合金は、大きく分けて
Al-Si系合金およびAl-Mg系合金の2種類があります。日本で現在使用されて
いる主な合金はAl-Si-Cu系のADC12合金です。

❷機械的性質と物理的性質

　表1-2-3に、主なアルミニウム合金ダイカストの機械的性質および物理的性
質を示します。表1-2-3の機械的性質（引張強さ、伸び、衝撃強さ、せん断強
さ）は、ASTM（旧米国材料試験協会：American Society for Testing and
Materials）規格で定められた試験片を理想的な条件で鋳造し、試験・測定し
たものです。そのため、実際のダイカストの機械的性質よりも高い値を示して
います。実体強度はASTM試験片の約7割と言われています。

　ダイカストの物理的性質は、合金の化学組成に影響され、Siは熱膨張係数を
低下させることから、Al-Si系の合金においてはSi量が多いほど熱膨張係数が
小さくなり、Al-Mg系の合金はSiの含有量が少ないため熱膨張係数が大きい
ので割れを発生しやすくなります。

❸金属顕微鏡組織

　図1-2-1に代表的なアルミニウム合金ダイカストの金属顕微鏡組織を示しま
す。Al-Mg系合金のADC6は初晶として晶出したα-Al晶の他に流動性を改善
するために、わずかに添加されたSiがα-Al晶の境界にAl-Mg_2Si共晶を晶出し
ています。Al-Si-Cu系合金のADC12の顕微鏡組織は、α-Al晶とその周囲に
はAl-Si共晶組織、灰色で多角形のAl-Fe-Mn-Si系の金属間化合物、灰色でや
や微細な共晶のAl-Al_2Cuなどが観察されます。過共晶Al-Si系合金である
ADC14は、初晶として晶出した多角形で暗灰色のSiが観察され、周囲には
Al-Si共晶やAl-Fe-Mn-Si系金属間化合物、Al-Al_2Cu共晶などが観察されま
す。初晶Siは硬さが高い（1320HV）ため耐摩耗性を向上させます。

16

第1章 これだけは知っておきたい ダイカスト基礎のきそ

表 1-2-1 主なアルミニウム合金ダイカストの種類と用途

JIS記号	特徴	使用部品例
ADC1	耐食性、鋳造性は良いが耐力はやや低い	自動車メインフレーム、フロントパネル、屋根瓦など
ADC3	衝撃値、耐食性は良いが鋳造性が良くない	自動車ホイールキャップ、二輪車クランクケース、自転車ホイール、船外機プロペラなど
ADC6	耐食性は非常に優れるが、鋳造性がAl-Si系に比べるとかなり劣る	二輪車ハンドレバー、ウインカーホルダー、ウォーターポンプ、船外機プロペラ・ケースなど
ADC12	機械的性質、鋳造性に優れる	シリンダーブロック、トランスミッションケース、シリンダーヘッドカバー、農機具用ケース類、電動工具、ガス器具、床板、エスカレーター部品など
ADC14	耐摩耗性に優れるが伸び・衝撃値は良くない	カーエアコンシリンダーブロック、ハウジングクラッチ、シフトフォークなど

表 1-2-2 主なアルミニウム合金ダイカストの化学組成

(%)

JIS記号	Cu	Si	Mg	Zn	Fe	Mn	Ni	Sn	Pb	Ti	Al
ADC1	≦1.0	11.0-13.0	≦0.3	≦0.5	≦1.3	≦0.3	≦0.5	≦0.1	≦0.20	≦0.30	残部
ADC3	≦0.6	9.0-11.0	0.4-0.6	≦0.5	≦1.3	≦0.3	≦0.5	≦0.1	≦0.15	≦0.30	残部
ADC6	≦0.1	≦1.0	2.5-4.0	≦0.4	≦0.8	0.4-0.6	≦0.1	≦0.1	≦0.10	≦0.20	残部
ADC12	1.5-3.5	9.6-12.0	≦0.3	≦1.0	≦1.3	≦0.5	≦0.5	≦0.2	≦0.2	≦0.30	残部
ADC14	4.0-5.0	16.0-18.0	0.45-0.65	≦1.5	≦1.3	≦0.5	≦0.3	≦0.3	≦0.2	≦0.30	残部

表 1-2-3 主なアルミニウム合金ダイカストの機械的性質および物理的性質

JIS記号	ADC1	ADC3	ADC6	ADC12	ADC14
縦弾性係数（GPa）	—	71	—	71	81.2
引張強さ（MPa）	290	320	280	310	320
0.2%耐力（MPa）	130	170	—	150	250
伸び（%）	3.5	3.5	10	3.5	<1
衝撃強さ（kJ/m^2）	79	144	316	81	38
せん断強さ（MPa）	170	180	—	—	—
疲れ強さ（MPa）	130	120	—	—	—
硬さ（HB（10/500））	72	76	67	86	108
密度（g/cm^3）	2.65	2.63	2.65	2.68	2.73
比熱（J/kg・℃）	963	963	—	—	—
熱伝導率（W/m・℃）	121	113	138	96	134
電気伝導度（IACS%）	31	29	35	23	27
熱膨張係数（×10^{-6}/℃）（20～200℃）	22	22	25	21	18
凝固範囲（℃）	582〜573	596〜557	640〜598	582〜515	648〜507

（出典：(一社) 日本ダイカスト協会「ダイカストの標準　DCS M　＜材料編＞」(2006)）

図 1-2-1 代表的なアルミニウム合金ダイカストの金属顕微鏡組織

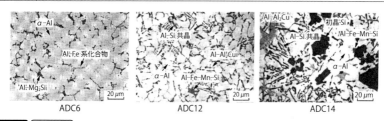

ADC6　　　ADC12　　　ADC14

要点 ノート

アルミニウム合金ダイカストは、大別して4種類（Al-Si系、Al-Mg系、Al-Si-Mg系、Al-Si-Cu系）の合金があり、JIS規格には20種類の合金が規定されている。

【2 ダイカスト用合金の種類と特徴

JIS合金以外のアルミニウム合金

❶JIS規格合金の問題点

　JIS規格の合金は表1-2-2のようにFeの含有量は1.3％以下ですが、実質的には金型への焼付きや型侵食などを防止する目的で0.7～1.0％程度添加されています。しかし、FeはAl、Siと図1-2-2に示すADC12の破断面の電子顕微鏡写真のような板状の金属間化合物であるβ-$Al_9Fe_2Si_2$を形成します。この金属間化合物はきわめて脆弱で、伸びや衝撃値を著しく低下させます。最近、高真空ダイカストの開発・実用化によってT6熱処理（120ページ参照）や溶接が可能となり、自動車の足回りやボディ部品が生産されていますが、JIS合金のようなFe含有量の多い合金ではT6熱処理を行ったとしても十分な強度特性を得ることはできません。

❷高延性・高靱性ダイカスト用合金

　そこで近年、欧州を中心に表1-2-4に示すようなFe含有量を抑えた新しい合金が開発、実用化されつつあります。

　Al-Si-Mg系合金は、SiをADC12と同程度含有し、Feが0.15％以下、Cuが0.03％以下の合金です。Feが少ないと焼付きや型侵食（第4章第1節参照）が起こりやすくなりますが、Mnを0.5～0.8％添加することで、それらを防止しています。Feの含有量を少なくすることで、β-$Al_9Fe_2Si_2$の生成を抑制し、また共晶Siを微細化する効果のあるSr（ストロンチウム）を添加することで、図1-2-3のように金属顕微鏡組織はきわめて微細となります。さらに、ADC12の場合には、硬さ、強度を高くするため、Cuが1.5～3.5％添加されていますが、Cuは著しく耐食性を害するため、この合金では厳しく制限しています。また、強度はCuの代わりにMgの添加により確保しています。同合金の機械的特性は、F材で0.2％耐力が120～150MPa、破断伸びが5～10％で、T6熱処理で0.2％耐力が210～280MPa、破断伸びが7～12％、T4熱処理で0.2％耐力が100～150MPa、破断伸びが15～22％が得られるとされます。欧州では、高真空ダイカスト（第4章第3節参照）でこれらの合金を鋳造し、T6熱処理、溶接をしてエンジンクレードル、サスペンションアーム、ショックタワーなどの自動車のボディ部品や足回り部品などが生産されています。日本国

内でも同様な合金を高真空ダイカスト法で鋳造し、図1-2-4に示すようなボディ部品を生産しています。

　Al-Mg系合金は、ADC6と同様な非熱処理型の合金で、鋳放しのままで強度、伸び、靭性に優れる特徴があります。T6熱処理を行うとひずんでしまうような薄肉製品への適用が可能です。ただし、Al-Mg系合金は、Siが少ないために割れの発生や湯流れ性が悪いなど鋳造性に劣り、日本ではほとんど使用されていません。欧州では、ギヤボックスビーム、ドアインナー、ストラットタワーなどへの適用事例があります。

図 1-2-2 | ADC12 の破断面の電子顕微鏡写真

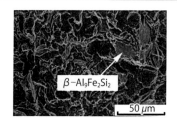

表 1-2-4 | 高強度・高靭性ダイカスト用アルミニウム合金

(%)

合金名	Si	Fe	Cu	Mn	Mg	Zn	Ti	Sr	他	Al
Al-Si-Mg系合金	9.5-11.5	≦0.15	≦0.03	0.5-0.8	0.1-0.5	≦0.07	0.04-0.15	0.01-0.02	P≦0.001	残部
Al-Si系合金	8.5-10.5	≦0.15	0.05	0.35-0.60	≦0.06	≦0.07	0.15	0.006-0.025	Mo≦0.3, Zr≦0.3	残部
Al-Mg系合金	1.8-2.6	≦0.2	≦0.05	0.5-0.8	5.0-6.0	≦0.07	≦0.20	—	Be≦0.004	残部

図 1-2-3 | Al-Si-Mg系合金ダイカストのミクロ組織

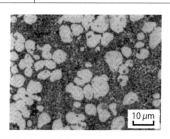

図 1-2-4 | ストラッドハウジング

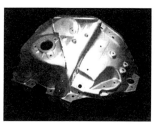

(写真提供：日産自動車㈱)

要点 ノート

- JIS規格のダイカスト用合金に含まれるFeは、きわめて脆弱な金属間化合物を形成するため、自動車のボディ部品や足回り部品には、Feを少なくした合金などが必要である。

【2 ダイカスト用合金の種類と特徴

亜鉛合金

❶亜鉛合金ダイカストの種類

　亜鉛合金ダイカストは、薄肉で複雑な形状の鋳物の製造ができ、寸法精度が高く、優れた機械的性質、特に衝撃値が高く、めっきなどの表面処理性にも優れています。ダイカスト用亜鉛合金地金はJIS H 2201：2015に規定され、亜鉛合金ダイカスト（製品規格）はJIS H 5301：1990に規定されています。**表1-2-5**に日本で使用されている主な亜鉛合金ダイカストの種類と用途例を、**表1-2-6**に化学組成を示します。JISにはZn-Al-Cu系とZn-Al系の2種類が規定されているのみで、使用されている合金の多くがZn-Al系のZDC2です。

❷粒間腐食

　亜鉛合金ダイカストを使用する上で注意が必要なのが粒間腐食です。粒間腐食は、Alを含む亜鉛合金で不純物が多い場合に、湿潤な雰囲気の大気中に長時間置かれた際に、結晶内部に腐食が進行し、割れが発生する現象で、極端な場合は製品が粉々になり製品形状をとどめなくなります。**図1-2-5**に粒間腐食を発生した製品の外観を示します。何本もの割れが製品を貫通しています。粒間腐食は、Pb、Cd、Snがそれぞれ0.005 %、0.004 %、0.003 %を超えて含まれると発生しやすいので表1-2-6のようにJIS規格ではきわめて微量に制限されています。また、粒間腐食を抑制する元素としてMgが添加されています。

❸機械的性質と物理的性質

　表1-2-7に亜鉛合金ダイカストのASTM規格試験片による機械的性質および物理的性質を示します。機械的性質で特徴的なことは、室温での伸びや衝撃値が高いことです。特に、衝撃値はADC12の約20倍の値を示します。ただし、伸びや衝撃値は、0℃以下では低い値（－20℃での伸びは室温の1/2、衝撃値は1/10）を示すので、寒冷地での使用には注意が必要です。

　亜鉛合金ダイカストは、密度が約6.6g/cm^{3}と高いため軽量部品には適していません。また、クリープ変形（一定の応力を負荷した時に時間とともに塑性変形が起こる現象）が起こりやすいので、100℃以上での使用には注意が必要です。鋳造後の経時変化として寸法が小さくなる問題があります。この寸法変化を嫌う製品においては安定化処理を行います。安定化処理は、100℃で3～

第1章　これだけは知っておきたい ダイカスト基礎のきそ

6時間、85℃で5～10時間、70℃で10～20時間が目安となります。

❹金属顕微鏡組織

図1-2-6にZDC2の金属顕微鏡組織を示します。ZDC2の顕微鏡組織は、初晶として晶出した白色のα-Zn晶の他にZnとAlが層状に晶出したZn-Alの共晶組織からなります。

表1-2-5　亜鉛合金ダイカストの種類と用途

記号	特徴	使用部品例
ZDC1	機械的性質および耐食性に優れる	ステアリングロック、シートベルト巻取金具、ビデオ用ギヤ、ファスナーつまみなど
ZDC2	鋳造性およびめっき性に優れる	自動車ラジエターグリルカバー、モール、自動車ドアハンドル・ドアレバー、PCコネクター、自動販売機ハンドル、業務用冷蔵庫ドアハンドルなど

表1-2-6　亜鉛合金ダイカストの化学組成　　　　　　　　　　　　　　　(%)

記号	Al	Cu	Mg	Fe	Pb	Cd	Sn	Zn
ZDC1	3.5-4.3	0.75-1.25	0.020-0.06	≦0.10	≦0.005	≦0.004	≦0.003	残部
ZDC2	3.5-4.3	≦0.25	0.020-0.06	≦0.10	≦0.005	≦0.004	≦0.003	残部

表1-2-7　亜鉛合金ダイカストの機械的性質および物理的性質

記号	ZDC1	ZDC2
縦弾性係数（GPa）	90	90
引張強さ（MPa）	328	283
0.2%耐力（MPa）	—	—
伸び（%）	7	10
衝撃強さ（kJ/m^2）	1610	1440
せん断強さ（MPa）	262	214
疲れ強さ（MPa）	56.5	48
硬さ（HBW (10/500)）	62	56
密度（g/cm^3）	6.7	6.6
比熱（J/kg・℃）	419	419
熱伝導率（W/m・℃）	109	113
電気伝導度（IACS%）	26	27
熱膨張係数（×10^{-6}/℃）(100～200℃)	27.4	27.4
凝固範囲（℃）	386～380	387～381

（出典：（一社）日本ダイカスト協会「ダイカストの標準 DCS M　＜材料編＞」(2006)）

図1-2-5　粒間腐食を発生した製品の外観

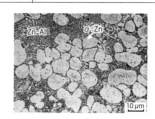

図1-2-6　ZDC2の金属顕微鏡組織

> **要点ノート**
> 亜鉛合金は鋳造性に優れるため、薄肉で複雑な形状の鋳物に向いており、機械的性質、特に靭性に優れている。また、めっきがしやすく装飾品に適しているが、密度がアルミニウム合金の2.5倍と大きく、軽量化には適さない。

2 ダイカスト用合金の種類と特徴

マグネシウム合金

❶マグネシウム合金ダイカストの種類

　ダイカスト用マグネシウム合金地金はJIS H 2222：2006に規定され、マグネシウム合金ダイカスト（製品規格）はJIS H 5303：2006に規定されています。**表1-2-8**に日本で使用されている主なマグネシウム合金ダイカストの種類および用途を、**表1-2-9**に化学組成を示します。マグネシウム合金ダイカストには大きく3種類に分類され、一般的に広く使用されているMDC1D（AZ91D）などのMg-Al-Zn系合金、伸びの大きい MDC2B（AM60B）などのMg-Al-Mn系合金、耐熱性に優れたMDC3B（AS41B）のようなMg-Al-Si系合金があります。なお、（　）内はASTM規格の名称で、日本ではほとんどがこの名称で呼ばれています。

❷機械的性質と物理的性質

　表1-2-10に主なマグネシウム合金ダイカストのASTM規格試験片による機械的性質および物理的性質を示します。マグネシウム合金ダイカストは、アルミニウム合金や亜鉛合金に比較して機械的性質が劣ります。縦弾性係数、引張強さは低い値を示しますが、伸びはアルミニウム合金ダイカストに比較して高い値を示します。物理的性質では、密度が約1.8g/cm³でADC12の約2/3、ZDC2の約1/4と小さいことがもっとも大きな特徴です。

　その他、比強度が高いこと、圧縮強さ、エネルギー吸収特性に優れているなどの特徴があります。比強度は、強度を密度で割ったもので軽量化の目安にします。圧縮強さが高いと物体が衝突した時に生じるくぼみ（耐くぼみ性）に優

表 1-2-8　主なマグネシウム合金ダイカストの種類と用途（　）内は ASTM 記号

JIS 記号	合金の特色	使用部品例
MDC1D (AZ91D)	機械的質が良い 耐食性に優れる	クラッチカバー、インテークマニホールド、シリンダーヘッドカバー、チェーンソーケース、デジタルカメラ筐体、ノートパソコン筐体、フライ用リール、　その他汎用部品
MDC2B (AM60B)	伸びと靭性に優れる 鋳造性がやや劣る	エアバックケース、ECU ケース、ステアリングメンバー、シートフレーム、洋弓アームなど
MDC3B (AS41B)	高温強度が良い 鋳造性がやや劣る	ステーター、オートトランスミッションケース、クラッチピストンなど
MDC4 (AM50A)	伸びと靭性に優れる 鋳造性がやや劣る	エアバック部品、シートフレーム、ステアリングメンバーなど

22

れます。また、エネルギー吸収特性が良いと振動を吸収（減衰能）しやすくなります。一方では、亜鉛合金ダイカストと同様にクリープ変形を起こりやすいので、130℃以上での使用には注意が必要です。最近では、レア・アース（RE）やCaなどを添加したクリープ性に優れた合金が開発され、自動車のパワートレイン関係に使用されつつあります。

❸金属顕微鏡組織

図1-2-7に代表的なマグネシウム合金ダイカストMDC1D（AZ91D）の金属顕微鏡組織を示します。組織は、大きさが10μm程度の初晶として晶出したα-Mg晶（白色）と、その周囲に晶出した微細な共晶のMg-Al$_{12}$Mg$_{17}$（灰色）とからなります。

表1-2-9 主なマグネシウム合金ダイカストの化学組成

(%)

JIS記号	ASTM記号	Al	Zn	Mn	Si	Cu	Fe	その他個々	Mg
MDC1D	AZ91D	8.2-9.7	0.35-1	0.15-0.5	≦0.1	≦0.03	≦0.005	≦0.01	残部
MDC2B	AM60B	5.5-6.5	≦0.3	0.24-0.6	≦0.1	≦0.01	≦0.005	≦0.01	残部
MDC3B	AS41B	3.5-5.0	≦0.2	0.35-0.7	0.50-1.5	≦0.02	0.0035	≦0.01	残部
MDC4	AM50A	4.4-5.3	≦0.3	0.26-0.6	≦0.1	≦0.01	≦0.004	≦0.01	残部

表1-2-10 主なマグネシウム合金ダイカストの機械的性質および物理的性質

記号	MDC1D (AZ91D)	MDC2B (AM60B)	MDC3B (AS41B)	MDC4 (AM50A)
縦弾性係数（GPa）	45	45	45	45
引張強さ（MPa）	230	220	215	210
0.2%耐力（MPa）	150	130	140	125
伸び（%）	3	6	6	10
衝撃強さ（kJ/m^2）	27	28	20	30
せん断強さ（MPa）	140	—	—	—
疲れ強さ（MPa）	97	—	—	70
硬さ（HRF）	72	72	67	68
密度（g/cm^3）	1.81	1.79	1.84	1.77
比熱（J/kg・℃）	1050	1000	1020	1020
熱伝導率（W/m・℃）	51	62	68	65
電気伝導度（IACS%）	10			
熱膨張係数（×10-6/℃）	27.2	25.6	26.1	26.0
凝固範囲（℃）	598〜468	615〜540	620〜565	

図1-2-7 MDC1D（AZ91D）の金属顕微鏡組織

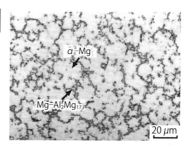

(出典：(一社) 日本ダイカスト協会「ダイカストの標準 DCS M ＜材料編＞」(2006))

要点／ノート

マグネシウム合金は、密度が約1.8g/cm^{3}と小さく、亜鉛合金の約1/4、アルミニウム合金の約2/3で、実用合金中でもっとも軽量である。そのため、携帯電話やノートパソコンなどのIT機器をはじめ自動車部品などに用いられる。

《2》ダイカスト用合金の種類と特徴

その他の合金

❶銅合金ダイカスト

　銅は密度が8.94g/cm³で、金属の中では銀に続いて2番目に電気・熱伝導性に優れています。また銅は金と並んで色のある金属（有色金属）です。軟らかく展延性に優れ加工しやすい材料です。銅は、表面に保護被膜を作るために耐食性に優れます。鋳造に使われる銅合金には大きく分けて純銅系、黄銅系、青銅系の3種類があります。ダイカストに用いられる銅合金は、溶融温度が低く、充填性に優れた黄銅系の合金が使用されています。

　黄銅系合金は、CuとZnの合金で真鍮とも呼ばれます。鋳造性に優れており耐食性や耐摩耗性などの性能にも優れています。銅合金ダイカストの用途としては、水栓金具、玄関用ドアハンドルや蝶番、配線用フロアーユニットなどの建築関連の部品があります。

　JISにはダイカスト用銅合金地金および銅合金ダイカストは規格化されておらず、**表1-2-11**に示す鋳物用銅合金規格（JIS H 5120：2012）が用いられています。なお、残余成分とは不純物としての許容限度（許容最大値）を意味します。

　黄銅には亜鉛の含有量によってCAC201、CAC202、CAC203があります。CAC201は亜鉛を約15％程度にした合金で、Pb、Snを不純物とした合金です。CAC202はCuの他にZnを約30％含む七三黄銅で、CAC203はCuの他にZnを約40％含む六四黄銅です。それぞれ、Pbが0.5〜3.0％程度含まれます。

　表1-2-12にCAC203相当のC85800（ASTM B176-95）銅合金ダイカストの機械的性質、物理的性質（ASM Handbooks、Metals Hand Book Vol.12 10th

表1-2-11 ダイカストに使われる鋳物用銅合金規格 (JIS H 5120：2016)

(%)

記　号	主要成分			残余成分				
	Cu	Pb	Zn	Sn	Pb	Fe	Ni	Al
CAC201	83.0〜88.0	－	11.0〜17.0	≦0.1	≦0.5	≦0.2	≦0.2	≦0.2
CAC202	65.0〜70.0	0.5〜3.0	24.0〜34.0	≦1.0	－	≦0.8	≦1.0	≦0.5
CAC203	58.0〜64.0	0.5〜3.0	30.0〜41.0	≦1.0	－	≦0.8	≦1.0	≦0.5

ed.ASM、(1990)、366))の例を示します。機械的性質はいずれもアルミニウム合金ダイカストよりも優れています。ただし、液相線温度が920℃と著しく高いため、金型寿命がきわめて短い欠点があります。

図1-2-8にCAC203ダイカストのミクロ組織の例を示します。初晶α-Cu（白色）とβ-CuZn（灰色）からなります。

❷錫合金、鉛合金

錫合金や鉛合金は現在ではほとんど使用されていませんが、以前は表1-2-13に示すような合金が使用されていました。No.1～No.3が錫合金で、No.4、No5が鉛合金です。Sn、Pbは強度が低いのでSbが添加されています。錫合金は、外科機器やガスメーターの文字車などに使用されていました。

表1-2-12 銅合金ダイカストの機械的性質および物理的性質の例

記号	C85800
縦弾性係数（GPa）	103
引張強さ（MPa）	379
0.2%耐力（MPa）	207
伸び（%）	15
衝撃強さ（kJ/m²）	54
硬さ（HRB）	55～60
密度（g/cm³）	8.4
凝固範囲（℃）	903～920

（出典：(一社)日本ダイカスト協会「ダイカストの標準　DCS M　＜材料編＞」(2006)）

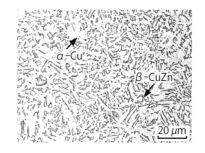

図1-2-8 CAC203ダイカストのミクロ組織

表1-2-13 ダイカスト用錫合金、鉛合金

(%)

| 合金番号 | Sn | Sb | Cu | Pb | 不純物 ||||
					Fe	As	Zn	Al
1	90～92	4～5	4～5	≦0.035	≦0.08	≦0.08	≦0.01	≦0.01
2	80～84	12～14	4～5	≦0.035	≦0.08	≦0.08	≦0.01	≦0.01
3	64～66	14～16	1.5～2.5	17～19	≦0.08	≦0.15	≦0.01	≦0.01
4	4～6	14～16	≦0.50	79～81	―	≦0.15	≦0.01	≦0.01
5	―	9.25～10.75	≦0.50	89～91	―	≦0.15	≦0.01	≦0.01

（出典：「ダイカスト技術便覧」日刊工業新聞社(1965)）

> **要点　ノート**
> ダイカストに使われるその他の合金には、銅合金、錫合金、鉛合金などがあるが、現在は銅合金がわずかに使用される程度で、錫合金、鉛合金は一部を除いてほとんど使用されていない。

【3】ダイカストマシンと周辺装置

ダイカストマシンの構造と射出動作

❶ダイカストマシンの構造

　ダイカストマシンの基本的な構造を図1-3-1に示します。ダイカストマシンは、金型を開閉する型締装置、溶湯を金型キャビティに射出・充填するための射出装置、ダイカストを金型から押し出すための押出装置で構成されます。

❷型締装置

　型締装置は、固定盤、可動盤に取り付けた金型を開閉する役割と、溶湯が金型に圧入される際のきわめて大きな力（型開力）に耐えうる、さらに大きな力（型締力）で金型を押さえる役割があります。

❸射出装置

　射出装置は、射出スリーブ内に注湯された溶湯を金型キャビティに射出・充填する装置です。射出装置は、射出スリーブ、射出プランジャー、射出シリンダー、アキュムレーターなどで構成されます。ダイカストは金型キャビティでの凝固が速いため、短時間で溶湯を充填します。そのために、溶湯が製品部に流入するゲート（入口）には瞬間的に大流量の溶湯が通過して大きな抵抗が発生します。その抵抗に打ち勝って溶湯を射出・充填するために大流量・高圧の充填機構が必要となります。それが、アキュムレーターと呼ばれる蓄圧装置になります。アキュムレーターは、高圧の窒素ガスを封入して、ダイカストマシンの1サイクルごとに動作の停止時間を利用してポンプによりエネルギーを蓄え、短時間で大流量が必要なタイミングでエネルギーを放出します。

❹押出装置

　押出装置は、金型キャビティで凝固・冷却したダイカストを可動型から押し出す装置で、押出シリンダー、押出板、押出ロッドなどで構成されます。ダイカストは、熱収縮により焼きばめと同様の原理で可動型に抱き付きます。抱付力は大きいものでは10〜20kNにもなるため、一般的には油圧シリンダーを用いて押し出しを行います。

❺ダイカストマシンの射出動作

　図1-3-2に射出波形の模式図を示します。コールドチャンバーマシンでは、一般的に射出は低速（通常 0.1〜0.7 m/s 程度）と高速（通常2〜3 m/s）の2

26

第1章 これだけは知っておきたい ダイカスト基礎のきそ

段階で行われます。低速射出は、溶湯内に射出スリーブ内の空気を巻き込まずにプランジャーチップを前進させる工程で、高速射出は短時間で金型キャビティに溶湯を充填する工程です。射出時にアキュムレーターから圧縮された窒素ガスにより押し出される作動油は、射出シリンダー内に移動し、射出プランジャーを前進させます。プランジャーの前進によって射出スリーブ内の溶湯はランナー、ゲートを通って金型キャビティに充填されます。

充填中に巻き込まれる空気による空洞（ブローホール）や、充填完了後に金型キャビティ内で溶湯が凝固する際に発生する空洞（ひけ巣）を減少させるために、充填時の圧力（溶湯充填圧力：通常 10 MPa 程度）に対して高い圧力（通常 30～80 MPa）をかけます。これを「増圧」と言い、射出プランジャーが停止してから数秒間維持されます。

図 1-3-1　ダイカストマシンの基本構造（コールドチャンバーマシンの例）

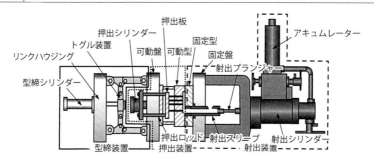

図 1-3-2　射出波形の模式図

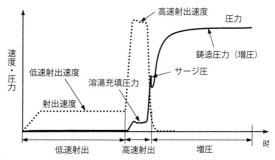

要点 ノート

ダイカストマシンは、型締装置、射出装置、押出装置から構成される。射出動作は、アキュムレーター内の窒素ガス圧が油圧に変換され、さらに油圧から溶湯圧力に変換されることで行われる。

27

3 ダイカストマシンと周辺装置

ダイカストマシンの原理を理解する（その1）

❶ダイカストマシンの原理

図1-3-3にコールドチャンバーを例にダイカストマシンの原理図を示します。マシンが正しく動作して、金型キャビティに溶湯が充填され、健全な製品が得られるには❷～❹の3つの基本原理が成り立つことが必要です。

❷ベルヌーイの定理

「ベルヌーイの定理」は、「流体の運動が時間的に変化しない場合、流体の圧力エネルギー、運動（速度）エネルギー、位置（高さ）エネルギーは互いに変化するもののその総和は常に一定である」ということです。図1-3-4に管の中を流体が流れている状況を示します。A点とB点における圧力（第1項）、運動（第2項）、位置（第3項）のそれぞれのエネルギーの総和は式（1-3-1）に示すように一定です。

$$P_1 + \frac{\rho \cdot v_1^2}{2} + \rho \cdot g \cdot h_1 = P_2 + \frac{\rho \cdot v_2^2}{2} + \rho \cdot g \cdot h_2 = 一定 \quad (1\text{-}3\text{-}1)$$

P_1, P_2：A, B点での流体の圧力（Pa）、v_1, v_2：A, B点での流体の流速（m/s）、ρ：流体の密度（kg/m^3）、h_1, h_2：A, B点での流体の高さ（m）、g：重力加速度（$= 9.8 \, m/s^2$）

ダイカストマシンでは、第3項の位置エネルギー項は無視できるので、式（1-3-1）は、式（1-3-2）になります。

$$P_1 + \frac{\rho \cdot v_1^2}{2} = P_2 + \frac{\rho \cdot v_2^2}{2} \quad (1\text{-}3\text{-}2)$$

図1-3-3において射出シリンダーを動かすエネルギーはアキュムレーターに蓄積された圧力エネルギーP_0（$= P_2$）、射出開始前の速度0（$= v_2$）、射出ピストンの速度v_p（$= v_1$）とすると、充填圧力P（$= P_1$）は式（1-3-3）で示されます。

$$P + \frac{\rho \cdot v_p^2}{2} = P_0 \quad (1\text{-}3\text{-}3)$$

式（1-3-3）を変形すると射出速度v_pは式（1-3-4）で示されます。

$$v_p = \sqrt{\frac{2P_0}{\rho}}\sqrt{1-\frac{P}{P_0}} \qquad (1\text{-}3\text{-}4)$$

ここで、図1-3-3の射出スリーブに溶湯が無い状態で射出を行う（空打ちと言います）とすると、充填圧力$P=0$なので、空打ち射出速度v_0は式（1-3-5）に示されます。

$$v_0 = \sqrt{\frac{2P_0}{\rho}} \qquad (1\text{-}3\text{-}5)$$

式（1-3-4）に式（1-3-5）を代入すると、射出速度v_pと充填圧力Pは式（1-3-6）で得られます。

$$v_p = v_0\sqrt{1-\frac{P}{P_0}} \qquad (1\text{-}3\text{-}6)$$

図 1-3-3 | コールドチャンバーダイカストマシンの射出系の模式図

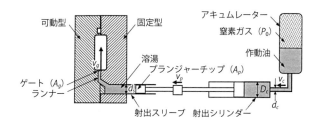

図 1-3-4 | 管内の流体の流れ

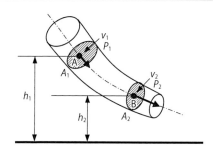

要点 ノート

ダイカストマシンは、油圧の流量と圧力が溶湯の流量と圧力に変換されて金型に溶湯を射出・充填する装置である。それぞれの圧力と流量の間には「ベルヌーイの定理」が成り立つ。

3 ダイカストマシンと周辺装置

ダイカストマシンの原理を
理解する（その2）

❸連続の式

連続の式は、「非圧縮性流体では、管路のどの部分の断面をとっても、その断面を通過する流量 Q は同じ（＝一定）である」というものです。**図1-3-5**に示すような断面積の異なる円管の中を流体が流れる場合の各断面の面積と速度の積は式（*1-3-7*）に示すように一定となります。

$$Q = v_1 \cdot A_1 = v_2 \cdot A_2 = v_3 \cdot A_3 = 一定 \qquad (1\text{-}3\text{-}7)$$

A_1、A_2、A_3：a点、b点、c点での流路断面積（m²）、v_1、v_2、v_3：a点、b点、c点での流速（m/s）

図1-3-3の射出スリーブ側に当てはめると、ゲートからの溶湯の流量（Q_s）は式（*1-3-8*）で示されます。

$$Q_s = v_g A_g = v_p \frac{\pi}{4} d_s^{\,2} \qquad (1\text{-}3\text{-}8)$$

v_g：ゲート速度（m/s）、A_g：ゲート断面積（m²）、v_p：プランジャー速度（m/s）、d_s：射出スリーブ径（m）

❹パスカルの原理

「パスカルの原理」は、「非圧縮性流体において密閉した容器中に静止している流体の一部に加えられた圧力は、容器内の流体のすべての部分に同じ強さで伝わる」というものです。**図1-3-6**に金型断面の模式図を示します。プランジャーチップから伝達される鋳造圧力は、パスカルの原理により金型キャビティの内壁すべてに均等にかかります。したがって、金型キャビティに伝達される圧力 P_1 は、式（*1-3-9*）で示される。

$$P_1 = \left(\frac{F_0}{A_p}\right) = \left(\frac{4F_0}{\pi d_p^{\,2}}\right) \qquad (1\text{-}3\text{-}9)$$

ここで、P_1：鋳造圧力（P_a）、F_0：射出力（N）A_p：射出プランジャーチップ断面積（m²）、d_p：射出プランジャーチップ径（m）、$d_p \fallingdotseq d_s$

したがって、金型キャビティの全内面に圧力 P_1 がかかり、型開き方向の金型キャビティの投影面積、つまり鋳造面積を A_1 とすると金型面には式（*1-3-10*）に示すように金型を開く力（型開力）F_1 が働き、この型開力に打ち勝っ

て金型を締め付ける力（型締力）F_2は、このF_1より大きくなければいけません。Sは安全率といい、一般的に1.2〜1.5程度を設定します。このF_2がダイカストマシンの大きさ（たとえば、2500kNとか250t）を表します。

$$F_1 = P_1 \cdot A_1 < F_2 = S \cdot F_1 \quad (1\text{-}3\text{-}10)$$

図 1-3-5 ｜ 連続の式

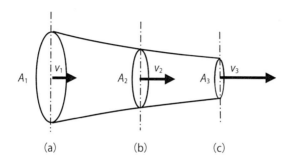

図 1-3-6 ｜ 金型断面の模式図

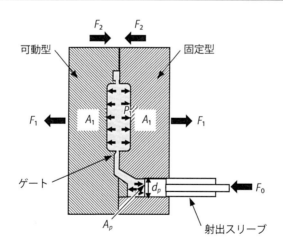

要点 ノート

ダイカストマシンの作動油および溶湯の速度と流路の断面積の積、すなわち流量は連続の式に従う。また、金型キャビティに流入した溶湯には「パスカルの原理」によって鋳造圧力が伝達される。

3 ダイカストマシンと周辺装置

コールドチャンバーマシン

❶ダイカストマシンの種類
　ダイカストマシンには、射出部の構造によってコールドチャンバーダイカストマシン（以降、コールドチャンバーマシン）とホットチャンバーダイカストマシン（以降、ホットチャンバーマシン）に分けられます。

❷コールドチャンバーマシン
　図1-3-7にコールドチャンバーマシンの例を示します。また、図1-3-8に一般的なコールドチャンバーマシンの構造例を示します。コールドチャンバーマシンには、型締力によって300kN～40000kN（30t～4000t）のものがあります。ホットチャンバーマシンと異なり溶湯保温炉とダイカストマシンが分離されており、射出部（チャンバー）が空気中にあって冷えていることから「コールドチャンバー」と呼ばれています。
　溶湯は1ショットごとに給湯機で射出部に供給され、プランジャーを動作させて金型キャビティに射出・充填されます。通常、プランジャーの速度は低速と高速の2段階（二段射出）で設定され、低速射出速度は0.1～0.7 m/s程度、高速射出速度は2～3 m/s程度です。最近では、油圧サーボバルブによる空打ちで10 m/sの高速で射出可能なダイカストマシンが開発されています。
　コールドチャンバーマシンは、1ショットごとに射出スリーブに溶湯が注湯されるため、ショットサイクルはホットチャンバーマシンに比較して長く、1時間当たりのショット数は30～150程度です。また、鋳造圧力は30～80 MPa

図1-3-7　コールドチャンバーダイカストマシンの例

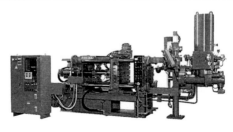

（出典：（一社）日本ダイカスト協会編「ダイカストって何？」(2003)）

第1章 これだけは知っておきたい ダイカスト基礎のきそ

でホットチャンバーに比較して高い圧力が使用されます。

コールドチャンバーマシンはアルミニウム合金、亜鉛合金、マグネシウム合金、銅合金などの鋳造に使用されます。

❸ コールドチャンバーマシンの動作

図1-3-9にコールドチャンバーマシンの一連の動作を示します。(a) 金型に離型剤を塗布し、型締装置によって金型を閉め、ラドルや柄杓を使って溶湯を速やかに射出スリーブに注湯します。(b) 注湯完了後、ただちにプランジャーロッドを前進させ、溶湯を金型キャビティに射出・充填します。先に述べたように射出は、スリーブ内の空気が溶湯に巻き込まれることを防止する目的で、一般的に低速と高速の二段射出方式が用いられます。充填を完了すると図1-3-2でしたように増圧をかけます。(c) 凝固が完了すると金型を開き、押出ピンを動作させてダイカストを金型から押し出します。

図 1-3-8 ｜ 一般的なコールドチャンバーダイカストマシンの構造例

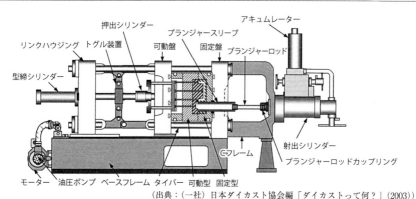

(出典：(一社) 日本ダイカスト協会編「ダイカストって何？」(2003))

図 1-3-9 ｜ コールドチャンバーダイカストマシンの動作例

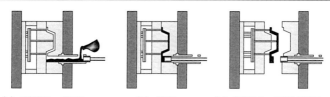

(a) 型締め・注湯　　(b) 射出　　(c) 型開き・製品押出し

(出典：(一社) 日本ダイカスト協会編「ダイカストって何？」(2003))

> **要点 ノート**
>
> コールドチャンバーマシンは射出部が大気中にあり、冷えていることから、鋳造圧力を高く設定でき、小物から大物までのダイカストが生産できる。主にアルミニウム合金のダイカストに用いられる。

3 ダイカストマシンと周辺装置

ホットチャンバーマシン

❶ホットチャンバーマシン

　図1-3-10にホットチャンバーマシンの例を示します。また、図1-3-11に一般的なホットチャンバーマシンの構造例を示します。ホットチャンバーマシンには、型締力が50kN～8000kN（5t～800t）のものがありますが、150kN～1000kN（15t～100t）クラスがもっとも多く使用されています。

　ホットチャンバーマシンは、専用の炉と一体になっており、射出装置、型締装置、押出装置などで構成されます。特徴としては、グースネック（ガチョウの首に形が似ていることからこの名が付けられました）と呼ばれる射出部（チャンバー）が溶湯中に浸漬されていることです。射出部が常に加熱されているため「ホットチャンバー」の名称で呼ばれています。グースネックは、スリーブから射出された溶湯を金型に導く通路です。射出前のグースネック内は、ポートから流入した溶湯で満たされており、プランジャーロッドを動作させることで溶湯を金型に射出・充填します。グースネックから金型へはノズルと呼ばれる通路が設けられており、ヒーターやバーナーで加熱されています。

　ホットチャンバーマシンではスリーブ内でのガスの巻き込みがないため、通常、射出は一速（一段射出）で行われます。その速度は1～2m/s程度です。給湯する必要がないので、鋳造サイクルが早く、1時間当たりのショット数は100～1000程度です。鋳造圧力は20MPa程度で、大型ダイカストマシンでも

図1-3-10　ホットチャンバーダイカストマシンの例

（出典：（一社）日本ダイカスト協会編「ダイカストって何？」(2003)）

40 MPa以下で、コールドチャンバーマシンに比較して低く設定します。そのため、小さな型締力のダイカストマシンでも大きな製品の鋳造が可能です。

ホットチャンバーマシンは主として亜鉛合金、マグネシウム合金などの鋳造に使用されます。

❷**ホットチャンバーマシンの動作**

図1-3-12にホットチャンバーマシンの一連の動作を示します。(a) 離型剤を塗布した金型を閉め、(b) プランジャーチップが降下して溶湯をグースネック、ノズルを通して金型キャビティに射出・充填します。(c) 凝固が完了するとプランジャーを戻し、同時に金型を開き、押出ピンを動作させてダイカストを金型から押し出します。

図 1-3-11　一般的なホットチャンバーダイカストマシンの構造例

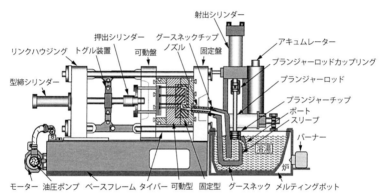

（出典：(一社) 日本ダイカスト協会編「ダイカストって何？」(2003)）

図 1-3-12　ホットチャンバーダイカストマシンの動作例

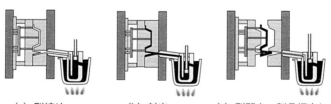

（出典：(一社) 日本ダイカスト協会編「ダイカストって何？」(2003)）

> **要点 ノート**
> ホットチャンバーマシンは、射出部が溶湯中に浸漬されており、ショットごとの注湯動作が不要で、サイクルタイムが短くできる。主に、亜鉛合金やマグネシウム合金のダイカストに使用される。

❸ ダイカストマシンと周辺装置

周辺装置

❶自動離型剤スプレー装置

　自動スプレー装置は、金型キャビティ、中子などを清掃するためのエアーブローと離型剤をスプレーする装置です。スプレー装置には、可動盤あるいは固定盤に取り付けた複数のスプレーガンから金型キャビティ面にスプレーする固定スプレー方式や、**図1-3-13**のように銅パイプをカセットに取り付けてスプレーマニホールドにセットしてエアーとミキシングした離型剤を銅パイプ先端から塗布する方式（これが現在一番多く用いられています）、パネル状のマニホールドに直接スプレーノズルを取り付けて塗布する方式などがあります。最近では、スプレーヘッドを汎用多関節ロボットがハンドリングしてスプレーする方法も採用されています。

❷自動プランジャーチップ潤滑装置

　コールドチャンバーマシンでは、射出プランジャーが2〜3m/sの高速で移動するのでプランジャーチップと射出スリーブの間には潤滑剤を塗布します。潤滑剤が多すぎるとダイカスト内に混入して鋳巣を発生して品質を悪化させます。また、少なすぎるとスムーズな射出ができません。したがって、少量の潤滑剤を安定して供給する必要があります。自動プランジャーチップ潤滑装置には、油性潤滑剤をプランジャーチップに直接吐出する方法、**図1-3-14**のように油性または水溶性潤滑剤を給湯口から滴下しエアーブローで拡散させる方法、水溶性潤滑剤をエアーとミキシングして給湯口から射出スリーブ内に塗布する方法などがあります。

❸自動給湯装置

　コールドチャンバーダイカストマシンでは、1サイクルごとに溶湯を射出スリーブに注湯（給湯と言います）する必要があります。給湯量のばらつきは製品品質を悪化させたり、生産性を阻害したりするので、できる限り一定量を供給します。そのためには、自動給湯装置は不可欠です。自動給湯装置には、機械式、空圧式、電磁ポンプ式などがありますが、**図1-3-15**に示すような機械式が一般的に使用されます。

❹自動製品取出装置

　自動製品取出装置は、可動型から押し出された製品を自動で取り出す装置で、図1-3-16のようなメカニカルハンド（機械式のロボット）が一般的に用いられます。製品をダイカストマシンから取り出した後、90°旋回してトリミングマシン（製品からビスケット、ランナー、オーバーフローがなどの製品以外の部分を分離する機械）に運搬します。最近では、大型ダイカストマシンでは自動製品取出機の代わりに汎用多関節ロボットを使用することが多くなっています。

| 図 1-3-13 | 銅パイプスプレーの例 | 図 1-3-14 | 自動プランジャーチップ潤滑装置の例 |

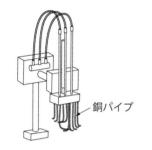
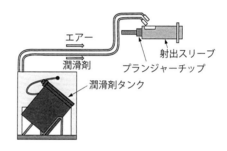

| 図 1-3-15 | 自動給湯装置の例 | 図 1-3-16 | 自動製品取出装置の例 |

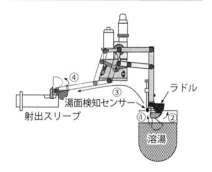
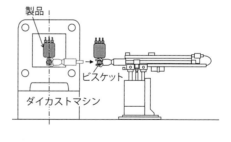

> **要点 ノート**
>
> ダイカストでは、ダイカストマシン本体以外にもさまざまな装置が必要で、自動離型剤スプレー装置、自動プランジャーチップ潤滑塗布装置、自動給湯装置、自動製品取出装置および汎用多関節ロボットなどが用いられる。

【4 ダイカスト金型

ダイカスト金型の構造

❶金型の役割・機能

　ダイカスト金型には、(a) 製品形状の付与機能、(b) 鋳造合金の熱抽出機能、(c) 製品の取り出し機能があります。(a) はダイカストの製品形状を決めるもので、金型に製品形状および鋳造方案が彫り込まれており、金型寸法精度は製品寸法精度を左右します。(b) は金型キャビティに充填された溶湯の熱を奪い、製品を金型から取り出せるまで冷却します。(c) は製品を可動型から押し出す役割です。

❷金型の基本構造

　図1-4-1、表1-4-1にダイカスト金型の主要な部品とその名称および役割を示します。ダイカストの金型構造は、大きく分けて固定型、可動型で構成されます。固定型は、固定盤に取り付けられ、溶湯を金型キャビティに注入するための鋳込み口ブッシュが取り付けられています。可動型は、可動盤に取り付けられて型締め装置により開閉されます。また、可動型には製品を取り出すための押出機構が取り付けられています。

　一般的に、固定型および可動型は、入子とおも型で構成されます。入子は、製品となるキャビティを構成するブロックです。入子は直接高温の溶湯と接するため、耐熱性のある熱間工具鋼が用いられます。また、おも型は固定型入子、可動型入子をはめ込んで保護するためのブロックで、溶湯と接しないので炭素鋼、鋳鉄や鋳鋼などの鉄鋳物が使用されます。

　金型を構成する部品には、上記の他に可動型をダイカストマシンの可動盤に取り付けるダイベース、固定型と可動型の位置合わせをするガイドピン、ガイドピンブッシュ、ダイカストを金型から押し出すための押出プレートおよび押出ピン、押出プレートを引き戻すリターンピンなどがあります。ガイドピン、ガイドピンブッシュ、押出ピンなどは標準部品が使用されます。

　その他、金型内には金型の温度を一定に保つための冷却回路や、金型キャビティの空気やガスを排出するためのガス抜きが設けられます。

　図1-4-1は、固定型と可動型で構成される単純な金型（二枚型と言います）ですが、金型の移動方向に対して平行に抜けない形状（アンダーカット）があ

38

る場合には引抜中子が使用されます。引抜中子は、一般的にコアプラーや傾斜ピンなどで動作させます。コアプラーは、図1-4-2に示すように油圧シリンダーで中子を金型の中に出し入れします。また、傾斜ピンを使用する場合は図1-4-3のように、型締め、型開きを利用するもので、固定型に設置した傾斜ピンが型締めによって可動型に設置した引抜中子の穴をガイドとして進入することで、引抜中子が金型に挿入されます。

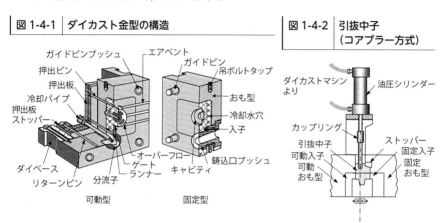

図 1-4-1 ダイカスト金型の構造

図 1-4-2 引抜中子（コアプラー方式）

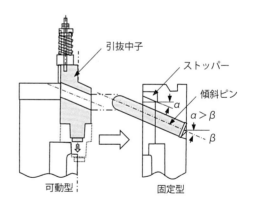

図 1-4-3 傾斜ピン式引抜中子の例

表 1-4-1 金型の主要な部品と役割

金型部品		役割
おも型		入子などをはめ込み、金型をダイカストマシンに保持する
入子		製品部（キャビティ）を構成する
引抜中子		製品部のアンダーカットを形成する
その他	ダイベース	可動型をダイカストマシンの可動盤に取り付ける
	ガイドピン	固定型と可動型の位置合を合わせる
	押出板および押出ピン	ダイカストを金型から押し出す
	リターンピン	押出板を引き戻す
	冷却穴および冷却管	金型を冷却する

要点 ノート

金型は、ダイカストにおいて鋳造合金、ダイカストマシンと並んでダイカスト生産の3要素と呼ばれる。特に金型は、製品の品質、コストを左右するもっとも重要な要素である。

4 ダイカスト金型

金型に使用される材料

❶ダイカスト金型材料

表1-4-2にダイカスト金型に用いる材料の例を示します。材料にはJIS規格に規定されているものとJIS規格に規定されていないものがあります。

（a）おも型

おも型は、直接的に溶湯が接しないので、SC450やSC480などの炭素鋼鋳鋼、FCD450～FCD600などの球状黒鉛鋳鉄、SCCrM1、3などの低合金鋼鋳鋼が用いられます。

（b）入子、中子、鋳抜きピン

亜鉛合金のような低融点合金（鋳造温度400～430℃）であれば、型寿命も長く型材はあまり問題となりませんが、アルミニウム合金では鋳造温度が650～720℃と高く、鋼材との化学的親和性も高いので、溶湯が直接的に接する入子や中子には、耐溶損性、耐ヒートチェック性などの特性が要求され、また、熱処理ひずみの少ない鋼材が必要とされるため、SKD6やSKD61などの熱間工具鋼が一般的に使用されます。

表1-4-3にSKD6、SKD61の化学組成を示します。これらの材料はCr-Mo-V鋼で、両者の違いはクロム（Cr）とバナジウム（V）含有量が異なります。また、SKD6、SKD61にCr、タングステン（W）、モリブデン（Mo）、V、コバルト（Co）などを調整した改良特殊鋼も使用されます。しかし、生産数量が少ない場合や亜鉛合金の少量生産には、SKT3やSKT2などの合金工具鋼や、SKD6、SKD61の快削性を向上させ、あらかじめ40～45HRCに調質した快削性合金工具鋼（プリハードン快削鋼）などを使用することがあります。

寸法精度を要求される金型や、折損が問題になる鋳抜きピンなどには18Ni系のマルエージング鋼を使用することもあります。鋳抜きピンは特に溶湯からの熱により高温になりやすいため、耐溶損性、熱間強度、硬さが要求され、高硬度な高靱性高速度鋼や粉末ハイス、熱伝導度が大きく耐溶損性の優れたタングステン合金、モリブデン合金が使用されることがあります。

（c）押出ピン、リターンピン

押出ピンは入子と同様に溶湯に直接触れるので、基本的に入子と同じ

第1章 これだけは知っておきたい ダイカスト基礎のきそ

SKD6、SKD61あるいはSKS2、3の合金工具鋼やSKH2などの高速度工具鋼が用いられます。押出ピンを元の位置に戻すリターンピンは溶湯には触れないので、KS120などの炭素工具鋼やSKS2、3などの合金工具鋼が用いられます。

（d）ダイベース、押出板

ダイベース、押出板などは、S35C～S55Cなどの機械構造用炭素鋼やFC250などのねずみ鋳鉄、SS300、400などの一般構造用圧延鋼が用いられます。

表 1-4-2 ダイカスト金型に用いる材料

区分			材料名	JIS 規格	
使用部位	関連 JIS 規格	対象合金			
おも型	JIS B 5101 モールド用半板部品	アルミニウム合金	FCD450、500、600	JIS G 5502	球状黒鉛鋳鉄
			SC450、480	JIS G 5101	炭素鋼鋳鋼品
			SCCrM1、3	JIS G 5111	低合金鋳鋼品
		亜鉛合金	S45C、S50C、S55C	JIS G 4051	機械構造用炭素鋼
			SCM435、440	JIS G 4053	クロムモリブデン鋼
			SKT3	JIS G 4404	合金工具鋼
			SKD6、61	JIS G 4404	合金工具鋼
入子 直彫り型中子 鋳抜きピン		アルミニウム合金	SKD6、61	JIS G 4404	合金工具鋼
			マルエージング鋼		（18Ni マルエージング鋼）
		亜鉛合金	SKD6、61	JIS G 4404	合金工具鋼
			SKT3	JIS G 4404	合金工具鋼
			SCM435、440	JIS G 4053	クロムモリブデン鋼
ガイドピン ガイドピン ブッシュ	JIS B 5102 モールド用ガイドピン JIS B 5010 モールド用ガイドピンブッシュ		SKS2、3	JIS G 4404	合金工具鋼
			SK105、95、85	JIS G 4401	炭素工具鋼
			SCM435、440	JIS G 4053	クロムモリブデン鋼
			SUJ2	JIS G 4805	高炭素クロム鋼
押出ピン	JIS B 5103 モールド用エジェクターピン		SKD6、61	JIS G 4401	合金工具鋼
			SKS2、3	JIS G 4401	炭素工具鋼
			SKH2	JIS G 4403	高速度工具鋼
			SACM645	JIS G 4053	アルミニウムクロムモリブデン鋼
リターンピン	JIS B 5104 モールド用リターンピン		SK102、105、95、85	JIS G 4401	炭素工具鋼
			SKS2、3	JIS G 4404	合金工具鋼
			SUJ2	JIS G 4805	高炭素クロム軸受け鋼
ダイベース			S35C、S40C、S45C	JIS G 4051	機械構造用炭素鋼
			FC250	JIS G 5501	ねずみ鋳鉄
押出板			S55C	JIS G 4051	機械構造用炭素鋼
			SS330、SS400	JIS G 3101	一般構造用圧延鋼

表 1-4-3 SKD6、SKD61 の化学組成

(%)

記号	化学成分							
	C	Si	Mn	P	S	Cr	Mo	V
SKD6	0.32-0.42	0.80-1.20	≦ 0.50	≦ 0.030	≦ 0.020	4.50-5.50	1.00-1.50	0.30-0.50
SKD61	0.35-0.42	0.80-1.20	0.25-0.50	≦ 0.030	≦ 0.020	4.80-5.50	1.00-1.50	0.80-1.15

要点 ノート

金型材料は、金型寿命やダイカスト品質に大きく影響するので、構成する部位の特性に合わせて最適な材料を選定する必要がある。特に、過酷な熱的ダメージを受ける入子、中子、鋳抜きピンの材料選択は重要である。

【4 ダイカスト金型

ダイカスト金型の
熱処理・表面処理

❶熱処理

　一般的に鋼の熱処理は、硬さと靭性のバランスを確保するために焼入れと焼戻しを合わせて行います。焼入れ・焼戻しは、金型の粗加工後に行われます。

　図1-4-4にSKD61の熱処理条件の例を示します。SKD61は熱伝導率が低いため、500℃付近と800℃付近の2段階で十分時間をかけて徐々に加熱します。焼入れ温度は1000～1100℃です。焼入れは、一般には空冷もしくは油冷します。焼入れによってマルテンサイト変態しますが、一部はオーステナイトのまま残る（残留オーステナイト）ことがあり、マルテンサイトは硬くて脆いため、焼戻しを行います。500℃程度での1次焼戻しにより、残留オーステナイトのマルテンサイト化を行い、550～600℃の2次焼戻しにより炭化物（Fe_3Cや（Cr, Fe）$_7C_3$）を析出させることで目標の硬さに調節します。

　図1-4-5に焼入れ・焼戻ししたSKD61の金属顕微鏡組織を示します。ミクロ組織は、微細な焼き戻しマルテンサイト中にCr、Moなどの粒状炭化物が観察されます。

❷表面処理

　表1-4-4に代表的な表面処理と目的および使用部位を示します。

　ダイカスト金型にもっとも使用される表面処理法は窒化処理で、窒素原子を金型表面に拡散浸透することによって、表面に硬化層を生成する方法です。処理温度が500～600℃で金型材の変態点以下であるため、ひずみや変形が少なく、金型の仕上げ加工後あるいは試作鋳造後に行われます。

　図1-4-6に窒化層の金属顕微鏡組織を示します。金型の最表面には白層と呼ばれる10μm程度の化合物層（ε-$Fe_{2\sim3}N$）が生成し、その下部には窒素が拡散した100μmから数100μm程度の拡散層（Fe_4N）が生成されています。白層は、溶融アルミニウムに侵食されにくく、白層厚さが厚いほど高い耐侵食性を示します。一方、白層は硬さが高い反面、靭性が低いためヒートチェックなどのクラックを発生しやすくなります。

　コーティング処理にはPVD法、CVD法、プラズマCVD（PCVD）法などがあります。

第1章 これだけは知っておきたい ダイカスト基礎のきそ

図 1-4-4 │ SKD61 の熱処理条件の例

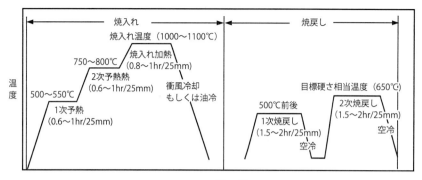

図 1-4-5 │ 焼入れ・焼戻しした SKD61 の金属顕微鏡組織

(写真提供：日立金属㈱)

図 1-4-6 │ 窒化層の例

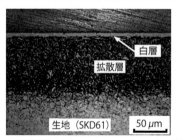

(写真提供：オリエンタルエンヂニアリング㈱)

表 1-4-4 │ 代表的な表面処理

処理法	目的					適用部位		留意点	
	耐焼付き性	耐かじり性	耐溶損性	耐ヒートチェック性	耐摩耗性	入子	鋳抜きピン	鋳込み口ブッシュ	耐剥離性	処理時の耐変形性
ガス窒化	○		○	○	○	○	○	○	○
塩浴窒化		○	○		○				○
イオン窒化	○		○	○	○	○	○	○	○
ラジカル窒化	○		○	○	○	○	○	○	○
軟窒化	○				○	○			○
浸流窒化	○	○	○		○	○			○
PVD	○				○		○		○
CVD	○				○		○		
PCVD	○				○		○		○
酸化皮膜処理	○								○
放電被覆処理			○		○	○	○		○

○：適している

要点 ノート

ダイカスト金型内部は靭性に優れ、ある程度の硬さがあることが要求されるため熱処理が行われる。金型表面部は硬さ、耐溶損性、耐摩耗性が要求され表面処理が行われる。

43

コラム　　　いろんな「鋳造欠陥」①

● 寸法上の欠陥 ●

①欠け込み（身食い）
　破断チル層がゲートを通過できずに留まるとゲートを除去する際に、製品側に侵入した破断チル層の不連続界面に沿って破壊して製品の一部が欠肉することを「欠け込み」と言います。

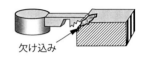
欠け込み

②伸び尺違い（縮み代の見込み違い）
　伸び尺は、鋳物の冷却時の収縮を見込んで鋳型を大きめに作る際に用いる物差しのことです。ダイカストでは縮み代を金型に織り込みます。この縮み代の設定が誤っていると規定の寸法が得られません。

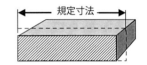
規定寸法

③中子ずれ
　鋳抜きピンの倒れや変形が起きたり、引抜中子に鋳バリが噛み込んで中子がずれたりした場合に、鋳抜形状・寸法が変わったり、製品形状・寸法が変わることを言います。

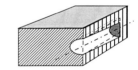

④型ずれ
　ガイドピンやブッシュが摩耗したりして型合わせが不十分になったり、中子と中子摺動部に「がた」があると中子がずれたりして分割面でダイカストの表面が食い違うことを言います。

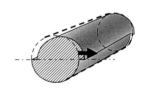

⑤熱変形
　製品形状、肉厚、金型温度分布などが異なるために、金型から取り出したダイカストが部位によって熱収縮が不均一となり、変形することを言います。

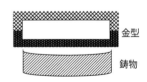
金型
鋳物

（模式図の出典：日本鋳造工学会「ダイカストの鋳造欠陥・不良及び対策事例集」(2000)）

【 第**2**章 】

ダイカスト設計の実際

《1 ダイカスト設計の概要

量産までの工程

❶ダイカストの受注から量産化への流れ

　ダイカストのユーザーの引き合いから量産に至るまでの工程の例を**図2-1-1**に示します。引き合いがあるとユーザーから製品図、製品3Dモデル、製品に要求される仕様が提供されます。ダイカスターは製品形状、材質、品質、機能、コストなどを勘案して、ダイカスト化が可能かどうかを検討します。

　検討の結果、ダイカストでの生産が品質、コスト、納期を含めた要求仕様を満足する場合には、受注が可能になります。受注が決定すると、製品図や製品仕様に基づいて製品設計、鋳造方案設計、金型設計を行います。設計が完了すると金型が製作され、試作鋳造が行われます。試作の結果、ダイカストがユーザーの仕様を満足すると量産段階に進みます。

　以下に設計の各段階の概要を示します。

❷製品設計

　製品設計は、ユーザーから提供された製品図などを基にダイカストとして成立させるための設計を行うことです。ユーザーから提供された製品図などは、部品を成立させることを優先する形状であるため、そのままではダイカストできない場合がほとんどです。そこで、製品設計では、ユーザーから提供された製品図を基に適切な型分割面、肉厚、抜勾配、鋳抜き穴、寸法精度、フィレット、リブ、などのダイカストとして成立させるための検討を行います。

❸鋳造方案設計

　製品設計で決定した製品を金型に配置して、溶湯を製品部に供給するための流路や金型キャビティの空気やガスを排出する通路などを設定し、品質の優れたダイカストを作るための設計を「鋳造方案設計」と言います。鋳造方案設計にあたっては、製品部に相当する金型キャビティを溶湯で十分に満たし、金型内部で凝固・収縮する過程で欠陥を生じさせることなく、品質の優れたダイカストが得られように最適化をはかる必要があります。最近では、コンピューターを用いた湯流れ解析や凝固解析といったCAE（Computer Aided Engineering）を適用することが多くなっています。

❹金型設計

　金型設計は、鋳造方案設計と同期しながら、金型の大きさ、金型構造、キャビティ配置、縮み代、型分割、押出し、引抜中子、押出ピン、冷却回路などを決定することを言います。金型は、ダイカストの品質や生産性の8割を決定すると言われており、金型設計にあたっては、製品の品質、金型の製作コスト、寿命、納期、保全性などを十分考慮する必要があります。

図 2-1-1　ユーザーの引き合いから量産に至るまでの工程の例

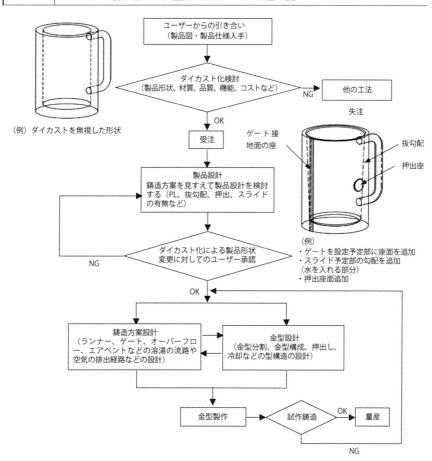

要点 / ノート

ダイカストユーザーからの引き合いから量産に至るまでの過程で、ダイカスターは、製品仕様に基づいて製品設計、鋳造方案設計、金型設計を行う。設計に当たっては品質、コスト、納期を常に考慮して進める。

❰2 製品設計

肉厚の設定

❶適正な肉厚

　ダイカストの一般的な肉厚は、合金種、製品の大きさにより異なり**表2-2-1**に示されます。亜鉛合金は、アルミニウム合金に比べて流動性が優れるので薄肉が可能です。

　表2-2-2に合金種ごとの最小肉厚とダイカストの表面積の関係を示します。最近は射出速度が5m/s以上の高速充填が可能なダイカストマシンが開発され、表2-2-2より薄肉化が可能となっていますが、過度な薄肉化は充填不良を生じて良品歩留まりを低下させる要因となります。

　ダイカストの表面層には、**図2-2-1**に示すようなチル層が形成されています。チル層は金型で急冷されるため組織が微細で緻密です。しかし、内部は冷却速度が小さいため、組織が粗くひけ巣などの鋳巣欠陥を発生します。チル層の厚さは、金型温度や鋳造温度などの鋳造条件に影響されますが0.1〜0.4mm程度形成されます。**図2-2-2**にADC12の引張特性に及ぼす肉厚の影響を示します。引張特性は、肉厚が厚くなるほどチル層の影響が少なくなること、ミクロ組織が粗大になること、鋳巣が発生しやすくなることにより低下します。耐圧性を悪化させる要因にもなります。

❷均肉化と肉厚変化部への対応

　ダイカストの肉厚において重要なことは、できる限り均一な肉厚（均肉化）

表 2-2-1　ダイカストの肉厚

(mm)

	アルミニウム合金	亜鉛合金	マグネシウム合金
大　物	2.0〜6.0	1.0〜6.0	2.0〜4.0
小物	1.0〜3.0	0.5〜3.0	0.8〜2.0

表 2-2-2　ダイカストの最小肉厚

(mm)

ダイカストの表面積 (cm²)	最小肉厚	
	亜鉛合金	アルミニウム合金 マグネシウム合金
25まで	0.6〜1.0	0.8〜1.2
25〜100	1.0〜1.5	1.2〜1.8
100〜500	1.5〜2.0	1.8〜2.5
500以上	2.0〜2.5	2.5〜3.0

にすることです。図2-2-3（a）に示されるような肉厚が不均一な駄肉部の形状はできる限り避けて、図2-2-3（b）に示すようにリブや中子を使用することで駄肉を除去することが望ましいとされます。

やむを得ず肉厚変化部ができてしまう場合には、急激な肉厚変化を避け、丸みをつけたり徐々に肉厚を変化させたりします。JIS B 0703-1987に図2-2-4のような肉厚の変化部への対応が示されています。

図 2-2-1 | ADC12のチル層

図 2-2-2 | ADC12の引張特性と肉厚の関係

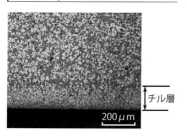

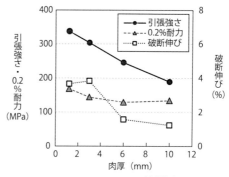

（資料提供：美濃工業㈱）

図 2-2-3 | 均肉化の事例

図 2-2-4 | 肉厚変化部への対応例

(a) 厚肉部のある製品

(b) 均肉化された製品

(a) 肉厚比が1.5以下の場合

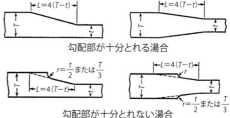

勾配部が十分とれる湯合

勾配部が十分とれない湯合

(b) 肉厚比が1.5を超え3以下の場合

> **要点 ノート**
> ダイカストの肉厚は、強度や湯流れ性を考慮して必要最小限とし、過度な厚肉を避ける。また、できる限り均等肉厚とし、やむを得ず肉厚変化部が必要な場合は丸みや勾配を設ける。

2 製品設計

抜勾配と鋳抜穴の設定

❶抜勾配とは

　溶湯を金型キャビティに射出・充填して凝固後に金型からダイカストを取り出す際に、容易に抜けるようにするために金型の分割面に直角な方向の側壁に傾斜をつける必要があります。これを抜勾配（ぬけこうばい）と言います。抜勾配は、材料あるいは鋳造方法によって異なり、JIS B 0403-1995に規定されています。

　抜勾配が不十分だと製品を取り出す際に、製品が金型にかじりついたり、製品が変形したりすることがあります。したがって、抜勾配は大きい方が抜けやすいのですが、大きすぎると勾配の根元と先端との寸法の差が大きくなり、肉厚が指定寸法と異なったり削り代が大きくなったりします。

❷抜勾配の設定

　図2-2-5、表2-2-3にダイカストの抜勾配と角度の許容値を示します。図2-2-6に内側壁面の深さと抜勾配の関係を示します。図中の数字は角度を示しています。外壁面は自由に収縮することができ、側壁から離れることになるので、外壁面の抜勾配は内側壁の1/2で良いとされます。

❸鋳抜穴とその抜勾配

　ダイカストの特徴の1つに鋳抜穴が容易にできることがあります。鋳抜穴の直径と最大深さに対しては表2-2-4を参考に設定します。また、鋳抜穴には抜勾配が必要で、図2-2-7を目安として設定します。なお、縦軸は穴の両側壁における全抜勾配（2D）であることに注意してください。

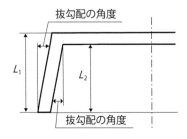

図2-2-5　ダイカストの抜勾配
(JIS B 0403：1995)

表2-2-3　ダイカストの抜勾配の角度*の許容値

寸法区分L(mm)		角度（°）		
を超え	以下	アルミニウム合金	亜鉛合金	マグネシウム合金
	3	10	6	8
3	10	5	3	4
10	40	3	2	2.5
40	160	2	1.5	2
160	630	1.5	1	1.5

＊：抜勾配の角度は図2-2-5による
(出典：(一社)日本ダイカスト協会「DCS E〈製品設計編〉」(2006))

図 2-2-6 内側壁の深さと抜勾配

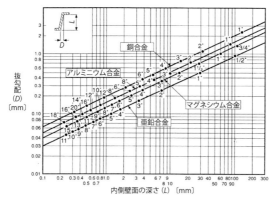

(出典:(一社)日本ダイカスト協会「DCS E〈製品設計編〉」(2006))

表 2-2-4 鋳抜穴の直径と最大深さ

鋳抜穴の直径 (mm)	鋳抜穴の最大深さ = 直径の倍数 (倍)			
	亜鉛合金	アルミニウム合金	マグネシウム合金	銅合金
3	3	2.5	2.5	—
4	3.5	3	3	—
5	4	3.5	3.5	—
7	4	4	4	2
10	4	4	4	2.5
13	4	4	4	2.5
16	5	5	5	3
20	6	6	6	4
25	6	6	6	5

(出典:(一社)日本ダイカスト協会「DCS E〈製品設計編〉」(2006))

図 2-2-7 鋳抜穴の深さと全抜勾配 (2D)

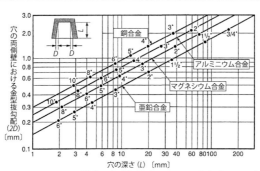

(出典:(一社)日本ダイカスト協会「DCS E〈製品設計編〉」(2006))

要点 ノート

金型から製品を取り出しやすくするために、適切な抜勾配の設定が必要である。また、ダイカストは鋳抜穴を容易に成形できるが、その深さおよび抜勾配の設定は品質を維持するために重要である。

寸法公差の設定

❶寸法公差とは

さまざまな機械加工において、製品図に示された寸法（基準寸法）とまった く同じ寸法で加工することはできません。製品の長さに応じて、実際の寸法と して許される最大値（最大許容寸法）と最小値（最小許容寸法）が決められて おり、この最大値と最小値の差のことを「寸法公差」と言います。鋳造品の寸 法公差は、JIS B 0403：1995「鋳造品－寸法公差方式および削り代方式」に規 定されています。

❷ダイカストの寸法公差の設定

ダイカストの金型は、固定型、可動型、引抜中子などで構成され、そのキャ ビティに高速・高圧で溶湯が射出・充填されることから、金型のずれや物理的 変形、熱的変形などを生じてダイカストの精度に影響を与えます。そこで、ダ イカストに要求される機能を満たし、かつ製造上でもっとも有利なように適切 な寸法公差が決められています。

ダイカストの場合は、アルミニウム合金やマグネシウム合金などの軽合金で はCT 5～7等級、亜鉛合ではCT4～6が指定されています。

（一社）日本ダイカスト協会の「ダイカストの標準 DCS E＜製品設計編＞」 では、**図2-2-8**に示す形状において長さの許容差は、**表2-2-5**の重要でない部 分の寸法許容差（普通寸法許容差）と**表2-2-6**の精度が要求される部分の寸法 許容差が指定されています。また、**図2-2-9**に示すように型分割面に垂直方向 の寸法許容差が長さの寸法許容差に影響する時には、表2-2-5の寸法許容差に **表2-2-7**の寸法許容差を追加します。また、**図2-2-10**に示すように引抜中子 がある場合には、その移動方向の位置誤差を考慮して、表2-2-5あるいは表 2-2-7の寸法許容差に**表2-2-8**の寸法許容差を追加します。なお、引抜中子部 の投影面積は、引抜中子によって作られるダイカスト部分を引抜中子の移動方 向に垂直な面に投影した面積（受圧投影面積）のことです。

❸寸法以外の公差

寸法公差以外にも形状に関する公差として、「幾何公差」があります。この 幾何公差も製品設計の段階で十分な検討が不可欠です。幾何公差には、「形

状」、「姿勢」、「位置」、「振れ」の4項目に対して全部で14種類があり、JIS B 0621：1984に規定されていますので参考にしてください。

図 2-2-8 長さの寸法許容差

表 2-2-5 普通寸法許容差

(mm)

寸法Lの長さ		亜鉛合金	アルミニウム合金	マグネシウム合金	銅合金
25mm 以下の基準許容差		±0.25	±0.25	±0.25	±0.36
寸法Lが 25mmを超えるごとに加える許容差	25mm を超え 300mm 以下	±0.04	±0.05	±0.05	±0.08
	300mm を 超えるもの	±0.025	±0.025	±0.025	—

表 2-2-6 精度が要求される部分の許容差

(mm)

寸法Lの長さ		亜鉛合金	アルミニウム合金	マグネシウム合金	銅合金
25mm 以下の基準許容差		±0.08	±0.10	±0.10	±0.18
寸法Lが 25mmを超えるごとに加える許容差	25mm を超え 300mm 以下	±0.025	±0.04	±0.04	±0.05
	300mm を 超えるもの	±0.025	±0.025	±0.025	—

図 2-2-9 型分割面に垂直方向の長さの寸法許容差

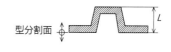

表 2-2-7 長さの許容差に追加する型分割面に垂直方向の長さの寸法許容差

(mm)

ダイカストの投影面積	亜鉛合金	アルミニウム合金	マグネシウム合金	銅合金
320cm² 以下	±0.10	±0.13	±0.13	±0.13
320を超え 650cm² 以下	±0.15	±0.20	±0.20	—
650を超え 1300cm² 以下	±0.20	±0.30	±0.30	—
1300を超え 2000cm² 以下	±0.30	±0.40	±0.40	—

図 2-2-10 引抜中子部による寸法許容差

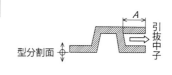

表 2-2-8 長さの許容差に追加する引抜中子部による寸法許容差

(mm)

引抜中子の投影面積	亜鉛合金	アルミニウム合金	マグネシウム合金	銅合金
320cm² 以下	±0.10	±0.13	±0.13	±0.25
320を超え 650cm² 以下	±0.15	±0.20	±0.20	—
650を超え 1300cm² 以下	±0.20	±0.30	±0.30	—
1300を超え 2000cm² 以下	±0.30	±0.40	±0.40	—

要点 ノート

ダイカストに限らず鋳造品は型に溶湯を注湯して製品を得るため、型の精度、熱変形、物理的変形などが起きるため、製品図の寸法通りには鋳造品ができないので、ある程度の寸法誤差が許容される。

2 製品設計

鋳肌と削り代の設定

❶ダイカストの鋳肌

ダイカストの鋳肌は、他の鋳造法と比較して平滑であり、その表面粗さはRzで12μm以下と言われます。しかし、鋳造の状態によっては表面に湯じわ、湯境、ふくれ、ヒートチェック傷などの鋳肌欠陥が発生することがあります。鋳肌欠陥は、製品の部位によっては問題とならない場合もありますが、外観部品、めっき品などでは不良となることもあるので、事前にユーザーと協議して基準を決めておく必要があります。

（一社）日本ダイカスト協会では、図2-2-11に示すような鋳肌基準を設定しています。湯じわ、湯境、ふくれの3種類については、鋳肌グレードに応じた谷の深さあるいは山の高さを図2-2-12のように示しています。過度な基準を設定すると生産性の低下やコストの上昇になる可能性があるので注意します。

❷削り代

削り代は、機械加工によってダイカストを仕上げる場合に除去される余肉部分のことを言います。加工代や仕上げ代とも呼ばれます。ダイカストは、❶のように美麗かつ滑らかな鋳肌であることからそのままで使用する方が良いのですが、機械部品に取り付けたり摺動部品として使用したり、鋳肌では得られない寸法精度にしたりするために鋳肌を部分的に削ることがあります。

ダイカストの鋳肌面近傍には、図2-2-1（49ページ）で示したようにチル層と呼ばれる領域が0.1〜0.4mmほど形成されています。ダイカストにとってチル層は大変重要な役割を果たしており、加工によりチル層を除去すると加工面に鋳巣が出たり、機械的性質を悪化させたり、耐圧性を損なったりすることがあります。したがって削り代は最小限に設定します。削り代が少な過ぎると鋳肌のままの未加工部（黒皮残り）になる場合があるので注意が必要です。

鋳造品の削り代は、「鋳造品−寸法公差方式および削り代方式JIS B 0403-1995」に規定されています。表2-2-9に鋳造品の削り代の抜粋を示します。削り代はA〜Kの10等級で示され、鋳物の最大寸法が大きいほど削り代が大きくなります。一般にダイカストの削り代は、0.25〜0.8mm程度とされますが、JIS B 0403-1995の付属書B（参考）には、鋳造方法ごとの鋳放し鋳造品に要

求する削り代の等級が示されており、ダイカストでは軽合金（アルミニウム合金、マグネシウム合金）、亜鉛合金、銅合金においては表2-2-9のB～D級を適用します。

図 2-2-11 | 鋳肌規準片

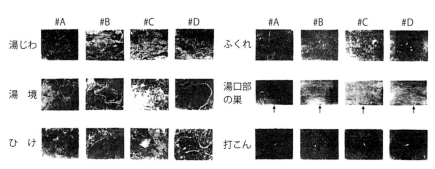

（出典：（一社）日本ダイカスト協会「DCS Q〈品質編〉」(2007)）

図 2-2-12 | 鋳肌グレードと谷の深さ、山の高さ

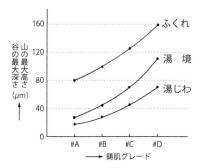

（出典：（一社）日本ダイカスト協会「DCS Q〈品質編〉」(2007)）

表 2-2-9 | 削り代 (JIS B 0403 抜粋)

(mm)

最大寸法[*1]		要求する削り代				
を超え	以下	削り代の等級				
		A[*2]	B[*2]	C	D	K
	40	0.1	0.1	0.2	0.3	1.4
40	63	0.1	0.2	0.3	0.3	2
63	100	0.2	0.3	0.4	0.5	4
100	250	0.3	0.4	0.5	0.8	6
250	400	0.4	0.5	0.7	1	8
400	630	0.5	0.8	1.1	1.5	10
6300	10000	1.1	1.5	2.2	3	24

＊1：機械加工後のダイカストの最大寸法
＊2：等級AおよびBは特別に指定された場合にのみ使用

要点 ノート

ダイカストの特徴の1つに滑らかで美麗な鋳肌がある。しかし、条件によっては鋳肌不良が発生して品質を低下させる。また、必要に応じて機械加工を行うことがあり、適切な削り代を設定する。

《2 製品設計

アンダーカット

❶アンダーカットとは

　アンダーカットは、金型開き方向では抜けない凹部や穴のことを言います。ダイカストの設計は、アンダーカット形状がないことが望ましく、製品の機能を損なわずにユーザーから提出された製品形状を変更することでアンダーカットを避けることができる場合があります。製品形状や金型分割面を見直すことでアンダーカットを回避できる事例を、それぞれ**図2-2-13**と**図2-2-14**に示します。

❷アンダーカットへの対応

　製品仕様によってはアンダーカットを避けられない場合があります。その際には、**図2-2-15**に示す方法によってアンダーカットを成形します。

（a）引抜中子

　アンダーカット部から中子を引き抜く際には、ダイカストが熱収縮により中子に抱き付くため、大きな引抜力を必要とします。そこで、39ページの図1-4-2に示すようなコアプラーと呼ばれる装置が用いられます。コアプラーには、油圧シリンダーが使用されダイカストマシンの油圧回路により制御されます。また、コアプラー以外にも図1-4-3の傾斜ピンなどが用いられます。

（b）置中子

　置中子は、引抜中子では成形が不可能なダイカストの内面にあるアンダーカット部を成形するために用いられる方法です。あらかじめ入れ子の彫り込み部や引抜中子の中にアンダーカットとなる形状の中子（あるいはインサート）をキャビティ部に嵌め込み、鋳造後に製品とともに取り出して中子を機械的に取り出す方法です。中子をキャビティに置いたままで成形することから「置中子」と呼ばれます。置中子は繰り返し使用することができます。

（c）崩壊性中子

　引抜中子や置中子でも成形できないようなアンダーカットは回避すべきですが、ユーザーからの要求に対応せざるを得ない場合があります。重力金型鋳造や低圧鋳造では砂中子で対応できますが、ダイカストでは溶湯が高速・高圧で射出・充填されるために砂中子は使用できません。しかし、砂同士を結合する

56

粘結剤のレジンの量を調整して強度を上げ、図2-2-16に示すような多層からなる構造の特殊なコーティングをすることで、ダイカストの過酷な鋳造条件に耐えることができます。また、水に溶けやすい塩化ナトリウム（NaCl）、塩化カリウム（KCl）、炭酸ナトリウム（Na_2CO_3）などの塩類を用いた可用性中子も使用できます。しかし、いずれもコスト高になることは避けられません。

| 図 2-2-13 | 製品形状を変更してアンダーカットを避ける事例1 |

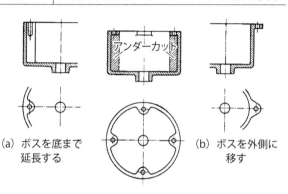

(a) ボスを底まで延長する　　(b) ボスを外側に移す

| 図 2-2-15 | アンダーカット成形法 |

| 図 2-2-14 | 製品形状(b)や金型分割面(c)を変更してアンダーカットを避ける事例2 |

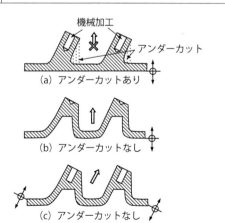

| 図 2-2-16 | 多層からなる崩壊性中子の構造 |

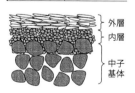

要点｜ノート

アンダーカットはできる限り避けるべきである。やむを得ずアンダーカット形状を成形する場合は、引抜中子、置中子、崩壊性中子などで対応するが、生産性、寸法精度を阻害する可能性がある。

《2 製品設計

その他の設計要素の設定

❶丸み（フィレット）

　ダイカストの隅部や角部には、金型分割面を除いて丸み（Rまたはフィレットと言います）を設けます。**図2-2-17**（a）のように肉厚変化部の隅部が直角な場合、薄肉部が先に熱収縮してついで厚肉部が熱収縮する際に引っ張られて割れを発生することがあります。（b）のように隅部にRを付けることで応力が緩和されて割れにくくなります。また、**図2-2-18**（a）のようにリブの交差部が直角になっていると、熱収縮による変形や割れが発生しやすいのでRを付けます。（b）のようにRが大き過ぎると肉厚部ができ、外びけやひけ巣が発生することがあるので（c）に示すような適切なRを付けます。

❷リブ、フィン、ボス

　ダイカストの肉厚が薄くなると、剛性が低くなり製品全体としての強度が低下したり、反りやゆがみを発生したりすることがあります。それらを防止するために、リブやフィンが採用されます。リブやフィンは製品の剛性を高めるだけでなく、湯流れ性の改善にも効果があります。また、フィンは放熱板としての機能もあります。**図2-2-19**（a）のように過度に薄く長いリブは避け、（b）のようにリブの高さ（H）は製品肉厚（t）の5倍以内、リブの厚さ（T）は製品肉厚の1～1.5倍程度を目安にします。リブ付け根のRは製品肉厚＋リブ肉厚の1/2程度、リブ先端のRはリブ肉厚の1/4程度とすることが望ましいとされます。

　ボスは、ねじ穴など形成するための突起部で、適当な支持面、固定部分になりダイカストの強度や剛性が得られます。しかし、過度な肉厚のボスは内部にひけ巣が発生するので最小限の大きさにします。また、**図2-2-20**（a）に示すようにボス単独で設けるより（b）のようにリブと組み合わせることで強度、剛性が得られ、湯流れ性の改善も見込めます。

❸インサート

　ダイカストでは、**図2-2-21**のように鉄や銅などの異種金属を鋳ぐるんで部分的に硬さ、強さ、耐摩耗性を付加することが行われます。鋳ぐるまれる異種金属を「インサート材」あるいは「鋳込み金具」と言います。インサートに

は、抜けや回転を防止するためにローレット（金属表面に施す細かい凹凸状の加工）や突起、溝などをつけます。インサートを鋳ぐるむ部分のダイカストの肉厚は、薄すぎると収縮割れを起こす恐れがあるので、最低2mm以上を必要とします。

図 2-2-17　隅部の R

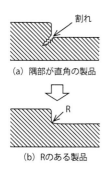

図 2-2-18　リブ交差部の R

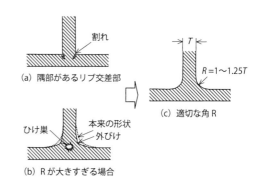

図 2-2-19　リブ形状

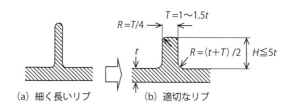

図 2-2-20　ボスとリブとの組み合わせ

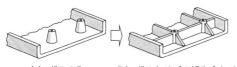

図 2-2-21　インサート

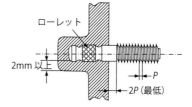

> **要点 ノート**
>
> ダイカストの製品設計要素には、割れを回避するための丸み（フィレット）、補強のためのリブやフィン、硬さや耐摩耗性を向上させるためのインサートなどがあり、ダイカストの特性を向上させる。

3 鋳造方案設計

ダイカストの鋳造方案

❶ダイカストの鋳造方案要素

　図2-3-1にダイカストにおける鋳造方案の例を示し、表2-3-1に各鋳造方案部の役割を示します。ビスケットは、コールドチャンバーダイカストで充填完了後の鋳造圧力をかける部分を言います。ホットチャンバーダイカストではスプルーと言い、形状は円錐形状をしています。ランナーは、ビスケットから製品部まで溶湯を導くための流路のことを言います。ゲートランナーは、ランナーとゲートを接続する部分で、フィードとランドで構成されます。

　ゲートは、ゲートランナーと製品部が接する溶湯が流入する最小断面積の部分を言います。ゲートは、溶湯の流入口であるだけでなく、プランジャーからの鋳造圧力を金型キャビティに伝達する重要な役割もあります。

　オーバーフローゲートは、製品部からオーバーフローに溶湯が流入する部分のことで、オーバーフローは、酸化物、チップ潤滑剤や離型剤の残渣、ガスを製品外に排出する部分です。最終充填部や溶湯のよどむ場所などに設置されます。また、金型温度が低い場所に保温のために設置する場合もあります。

　エアベントは、金型キャビティの空気やガスを金型の外に排出するために設置される薄い通路を言います。通常はオーバーフローと一対で設置されます。

❷鋳造方案設定の手順

　図2-3-2に鋳造方案設計の手順の例を示します。製品レイアウトは、製品形状、製品肉厚、流動長、ガス抜け性、ゲート取り付け可能な位置、ダイカストマシン（引抜中子のある場合のタイバーとの干渉）などを考慮して適切に配置します。金型分割面は、固定型と可動型あるいは引抜中子との合わせ面のことで、製品形状、ゲート位置、エアベント位置、加工のしやすさなどを考慮して決めます。これらは第4節の金型設計で紹介します。

　次に、鋳造方案部の設定を行います。鋳造方案部は、製品部への溶湯の供給位置つまりゲート位置・大きさの設定、ランナー形状・数の設定、オーバーフローの位置・数・大きさの設定、エアベントの位置・形状（厚さ、幅　など）の設定を行います。鋳造方案部の設定は、通常、製品レイアウトや型分割と並行して設定されます。

60

第2章 ダイカスト設計の実際

図 2-3-1 ダイカストにおける鋳造方案例

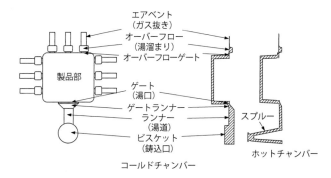

表 2-3-1 ダイカストの鋳造方案の名称と役割

名　称	役　割
ビスケット（鋳込み口）	コールドチャンバーダイカストで終圧をかけるためにスリーブ内に残る部分。鋳込み口やスタンプとも言う。ホットチャンバーではスプルーという
ランナー（湯道）	ビスケットから製品部までの溶湯が流れる部分。湯道とも言う
ゲートランナー	ランナーとゲートを結ぶ部分で、フィードとランドで構成される
ゲート（湯口）	製品部とゲートランナーが接した溶湯が流入する部分。湯口とも言う
オーバーフローゲート	製品部からオーバーフローに溶湯が流入する入り口部分
オーバーフロー（湯溜まり）	先走りの汚れた溶湯やガスを逃がすためにつけられる溶湯の溜まる部分。湯溜まりとも言う
エアベント（ガス抜き）	金型キャビティのガスを逃がすためにつけられた薄い通路（厚さ0.1～0.2mm）。ガス抜きとも言う

図 2-3-2 ダイカストの鋳造方案設定例

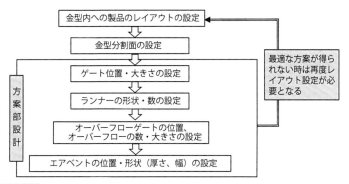

> **要点 ノート**
> ダイカストの鋳造方案は、製品部に相当する金型キャビティに溶湯を導くと同時にキャビティの空気を速やかに金型外に排出する必要があり、ダイカストの品質を左右する重要な設計要素である。

61

≪3 鋳造方案設計

許容充填時間の設定

❶充填時間とは

　ゲートを通過した溶湯が、オーバーフローまで含めて充填を完了する時間を充填時間と言います。一方、金型キャビティに流入した溶湯は、金型によって短時間に冷却されて凝固します。したがって、溶湯が凝固する前に金型キャビティに充填を完了しなければ未充填や湯境などの湯回り不良を発生します。この充填を完了するまでの時間を「許容充填時間」と言います。

❷許容充填時間の設定

　許容充填時間は、さまざまな計算式が提案されています。よく知られているものにF.C.Bennett（ベネット）の式（2-3-1）があります。0.7は「Bennett係数」と呼ばれ、完全に凝固するまでの時間の70％を許容充填時間としています。

$$t = \frac{0.7\rho\left(\dfrac{x}{2}\right)^2 \cdot \{q_a + c(T_m - T_s)\}}{k\ (T_m - T_d)} \tag{2-3-1}$$

　t：許容充填時間(s)、k：溶湯の熱伝導率(W/(m・℃))、q_a：凝固潜熱(kJ/kg)、c：比熱（kJ/(kg・℃)）、ρ：溶湯密度（kg/m³）、T_m：溶湯温度（℃）、T_s：固相線温度（℃）、T_d：金型温度（℃）：x：肉厚（m）

　その他、G.Ulmar（ウルマー）は式（2-3-2）を、G.Lieby（リービー）は式（2-3-3）を簡便な肉厚xと許容充填時間tの計算式として提案しています。

$$t = 0.033x^2 \tag{2-3-2}$$

$$t = 0.017x^2 \tag{2-3-3}$$

　式（2-3-4）にNADCA（北米ダイカスト協会）が推める許容充填時間を示します。

$$t = \mathrm{K}\left(\frac{T_i - T_f + SZ}{T_f - T_d}\right)x \tag{2-3-4}$$

　t：許容充填時間（s）、K：定数（s/mm）、T_i：ゲートでの溶湯温度（℃）、T_f：溶湯の最低流動温度（℃）、T_d：溶湯がキャビティに流入する直前の金型表面温度（℃）、S：流動限界固相率（%）、Z：単位変換係数（℃/%）、x：製品の平均肉厚（mm）

定数K、Zは経験的な値で、金型材質、鋳造合金によって異なり、**表2-3-2**の値を参考とします。流動限界固相率は、流動中の溶湯内の固相の割合（固相率）がそれ以上になると流動が停止する値のことで、肉厚によって**表2-3-3**のように設定します。肉厚xは、外観品質が厳しく湯流れの最終充填部に薄肉部がある場合はそのもっとも薄い所を採用し、一般的にはボスや厚肉部を除いた平均肉厚を採用します。

図2-3-3に**表2-3-4**のADC12の物性値、条件を用いてそれぞれの式で計算した肉厚と許容充填時間の関係を示します。式によって、許容充填時間は異なりますが、自社の実績に近い式を採用することが望まれます。

表 2-3-2　許容充填時間計算のパラメータ（K、Z）

鋳造合金	K (s/mm)	Z (℃/%)
ZDC2	0.0346 (SKD61)	2.5
ADC12		4.8
AZ91D		3.7

表 2-3-3　許容充填時間計算のパラメータ（S）

肉厚 (mm)	亜鉛合金	アルミニウム合金	マグネシウム合金
0.25-0.76	5-15%	5%	10%
0.76-1.27	10-20%	5-25%	5-15%
1.27-2.03	15-30%	15-35%	10-25%
2.03-3.18	20-35%	20-50%	20-35%

表 2-3-4　許容充填時間の計算に用いたADC12の値

溶湯の熱伝導率（W/(m・℃)）	96
凝固潜熱（kJ/kg）	394.8
溶湯の比熱（kJ/(kg・℃)）	1.09
固相線温度（℃）	515
溶湯密度（Mg/m^3）	2.4
溶湯温度（℃）	680
金型温度（℃）	200
溶湯の最低流動温度（℃）	570

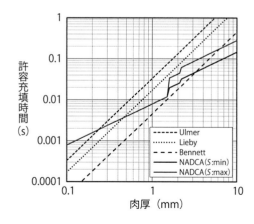

図 2-3-3　各式で計算したADC12の肉厚と許容充填時間の関係

要点ノート

許容充填時間は、キャビティを流れる溶湯が凝固する前に充填を完了させることができる時間で、さまざまな計算式が提案されている。自社の実績に近い計算式を選定することが望まれる。

【3】鋳造方案設計

ゲートからの溶湯の流出とJ値

❶ゲートからの溶湯の流出

ゲートからの溶湯の流出状態は、**図2-3-4**に模式的に示すように層流、液滴流、噴流の3種類があります。ゲート速度が遅い場合には、(a) のように溶湯は連続的な層流（Continuous flow）で流入します。ゲート速度が増加すると (b) のように、連続的な流れから分断された液滴流（Course particle flow）になり、ガスを巻き込みや湯じわ・湯境などが発生しやすくなります。さらにゲート速度が増加すると (c) のように噴流（Atomized jet flow）に変化します。この場合には充填時間も短く、キャビティ流入過程での溶湯温度の低下が少なく優れた外観品質が得られます。通常のダイカストは (c) の状態で射出することが良いとされます。

❷J値

ゲートから流出する溶湯の状態を示す値としてJ値がJ.A.Wallace（ワーレス）によって式 (*2-3-5*) で示されています。

$$J = D \cdot \rho \cdot v_g^{1.71} \qquad (2\text{-}3\text{-}5)$$

$$D = \frac{A_g}{W_g + H_g} \qquad (2\text{-}3\text{-}6)$$

D：ゲートパラメータ (m)、ρ：溶湯密度 (kg/m^3)、v_g：ゲート速度 (m/s)、A_g：ゲート断面積 (m^2)、W_g：ゲートの幅 (m)、H_g：ゲートの厚さ (m)

アルミニウム合金では、J値が525以上で噴流になるとされています。

図2-3-5に相田らがADC12溶湯を用いてゲートからの流出挙動を観察した結果を示します（相田ほか「日本ダイカスト会議論文集JD12-18」(2012)）。**図2-3-6**にゲート速度とJ値を示します。ゲート速度が増加するとJ値も増加し、ゲート速度が13.8m以上では噴流となることが確認されます。

式 (*2-3-5*) を変形して、噴流を得るためのゲート速度を求める式を式 (*2-3-7*) に示します。

$$v_g \geq \left(\frac{525}{D \cdot \rho} \right)^{0.59} \qquad (2\text{-}3\text{-}7)$$

ゲートからの流出を噴流にするための最低のゲート速度とゲートパラメータ

の関係を ADC12（J 値：525）、ZDC2（J 値：624）、MDC1D（AZ91D）（J 値：360）について計算した結果を**図 2-3-7**に示します。外観品質の優れた製品を得るためには、各曲線の上側の領域のゲート速度を設定すれば良いことになります。

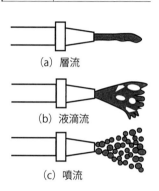

図 2-3-4 | ゲートからの溶湯の流出状態の模式図
(a) 層流
(b) 液滴流
(c) 噴流

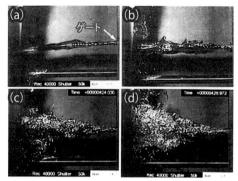

図 2-3-5 | ゲートからの流出挙動
ゲート速度： (a) 2.8m/s、 (b) 5.5m/s、
(c) 13.8m/s、 (d) 27.5m/s
（写真提供：東芝機械㈱）

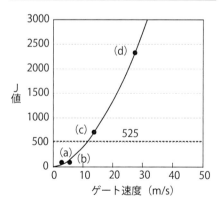

図 2-3-6 | ゲート速度と J 値

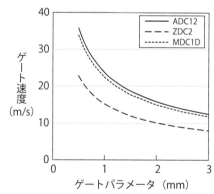

図 2-3-7 | ゲートパラメータとゲート速度

> **要点 / ノート**
> ゲートからの溶湯の流出挙動は、層流、液滴流、噴流に分類される。品質面からは噴流で流出することが望ましい。流出状態は J 値によって決まり、アルミニウム合金では 525 以上で噴流となると言われている。

3 鋳造方案設計

P-Q^{2}線図を理解する（その１）

❶ P-Q^{2}線図とは

図2-3-8にP-Q^{2}線図の例を示します。縦軸（以後P軸）は充填時に射出プランジャーチップ前面に作用する圧力P、横軸（以後Q^{2}軸）は射出プランジャーが単位時間当たりに運べる溶湯量（流量）Qの2乗を示しています。

❷ P-Q^{2}線図の書き方

（a）マシンライン：マシンラインは、ダイカストマシンが有する射出性能を示します。図2-3-8の黒実線が最大出力時のマシンラインで、P軸の切片は、**図2-3-9**（a）に示すように射出プランジャー内が密閉された状態で、ダイカストマシンの最大圧力P_0（増圧時の圧力ではなく充填時の圧力であることに注意）を示します。また、Q$_2$軸の切片は図2-3-9（b）に示すようにプランジャーチップ前面にまったく抵抗（圧力）がない場合で、射出プランジャーが出せる最高速度での最大溶湯流量Q_0を示します。

マシンラインは、式（*2-3-8*）で求めることができます。

$$P = P_0\left(1 - \frac{Q^2}{Q_0^2}\right) \tag{2-3-8}$$

P：充填圧力（MPa）、P_0：最大圧力（MPa）、Q：流量（m^3/s）、
Q_0：最大流量（m^3/s）

鋳造する製品によりアキュムレーター圧力、チップ径、射出速度を調整するのでマシンラインは図2-3-8の点線のように最大出力ラインからずれます。

（b）ダイライン：ダイラインは、ゲート断面積と流量係数（ゲートでの抵抗）によって決まる線で、原点を通る直線で表されます。図2-3-8の灰色実線がダイラインです。溶湯は図2-3-9（c）のようにオリフィスの役割をするゲート（分流子、ランナーを省略）から流出します。その時の圧力と流量の関係を示すのがダイラインです。ダイラインは式（*2-3-9*）で求められます。

$$P_m = \frac{\rho}{2} \times \left(\frac{Q}{C_d \cdot A_g}\right)^2 \tag{2-3-9}$$

P_m：溶湯動圧（MPa）、ρ：溶湯の密度（kg/m^3）、v_g：ゲート速度（m/s）、
C_d：流量係数、A_g：ゲート断面積（m^2）

ゲート速度v_gは式（2-3-10）で示され、これを式（2-3-9）に代入して式（2-3-11）が得られます。

$$v_g = \frac{Q}{A_g} \quad (2\text{-}3\text{-}10)$$

Q：ゲートにおける溶湯流量（m³/s）、A_g：ゲート断面積（m²）

$$P_m = \frac{\rho_m}{2}\left(\frac{Q}{C_d \cdot A_g}\right)^2 \quad (2\text{-}3\text{-}11)$$

流量係数は、ゲートでの抵抗による流量損失で、通常は約0.5で計算します。

ダイラインは、一点鎖線で示すようにゲート断面積A_gおよび流量係数C_dの大小によってその傾きが変わります。

図 2-3-8 P-Q² 線図の例

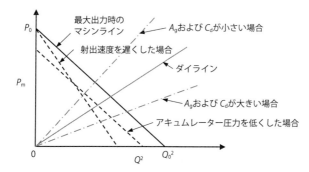

図 2-3-9 射出シリンダーの圧力と射出スリーブ内の圧力の関係

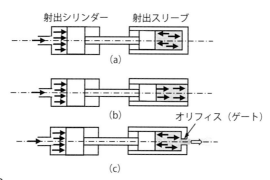

> **要点 / ノート**
> P-Q² 線図は、縦軸に溶湯動圧、横軸に溶湯流量の2乗をとり、マシンラインとダイラインからなる図で、ダイカストマシンの射出能力の余裕を確認したり、所定の金型に溶湯が充填できるかを判断することができる。

3 鋳造方案設計

P-Q²線図を理解する（その2）

❸プロセスウィンドウ

　マシンラインとダイラインの交点が鋳造時の溶湯動圧と流量を示します。この交点をプロセスポイントと呼び、プロセスポイントが適切な操業条件範囲内になるように充填圧力、チップ径、ゲート断面積を最適化します。

　プロセスウィンドウは、図2-3-10に示すように許容充填時間によって決まる線A-A'、ゲート速度の最小値で決まる線B-B'と最大値で決まる線C-C'および最大出力時のマシンラインで囲まれた斜線の領域がプロセスウィンドウです。プロセスポイントがこのプロセスウィンドウ内にあれば、ダイカストが可能であることを示します。線分A-A'は、式（2-3-12）で示されます。オーバーフローを含めた金型キャビティ充填体積Vは、製品によって決まっており、それを許容充填時間tで除した値が流量Qになります。

$$Q = \frac{V}{t} \qquad\qquad (2\text{-}3\text{-}12)$$

　許容充填時間は、式（2-3-1）〜（2-3-4）など用いて計算します。A-A'より流量が少なければ充填が不完全になり、金型キャビティを完全に充填するために必要な溶湯流量はA-A'より右の領域になります。

　B-B'およびC-C'は、ゲート速度v_gによって決まります。式（2-3-11）にゲート速度を代入すると溶湯動圧P_mは一定になるのでQ^2軸に平行となります。

　B-B'は、ゲート速度の最低値から得られる線で、図2-3-11に示すように充填長さが長いほど、製品肉厚が薄いほど速く設定します。あるいは式（2-3-7）に示すJ値によって設定します。C-C'は、ゲート速度の最大値によって得られる線です。ゲート速度が大きいほどミクロ組織が微細になり機械的性質が良好となりますが、ガス含有量が増加したり、焼付きや型侵食が発生したりするなどの金型損傷の原因になるため、ある程度の速度に抑える必要があります。一般的には60 m/s程度を最大値とすることが推奨されています。

❹P-Q²線図の使い方

　一般的にダイカストではマシンの最大出力で使用することはなく、射出バルブを絞ったり、アキュムレーター圧力を下げたりして射出条件を調整しま

す。その調整に伴って実際のマシンラインは、破線で示したように最大出力マシンラインから移動することになります。その移動範囲はプロセスポイントがプロセスウィンドウ内にあることが条件です。理想的にはプロセスポイントはウィンドウの中心に位置することが望ましいです。これにより、多少の鋳造条件の変動があったとしても、プロセスポイントがウィンドウからはずれることを防止できるからです。また、ダイラインも同様でゲート断面積およびゲート厚さ（流量係数）を変えることで傾きを変化させてプロセスウィンドウ内にプロセスポイントが入るように調整することができます。

図 2-3-10 | プロセスウィンドウの例

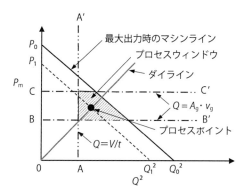

図 2-3-11 | ゲート速度と充填長さおよび製品肉厚の関係

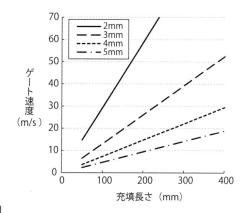

要点 ノート

プロセスウィンドウは、溶湯動圧と流量の交点であるプロセスポイントがダイカストの適切な操業条件（充填圧力、充填時間、ゲート速度、ゲート断面積など）を設定するのに活用できる。

【3 鋳造方案設計

CAE解析とその流れ

❶CAEとは

　CAEは、Computer Aided Engineeringの略で、コンピューターを利用して製品の設計、製造や工程設計の事前検討の支援を行うことを言います。

　ダイカストで使用されるCAE解析には**表2-3-5**のような方法があります。製品設計では、製品形状、構造、材質などの最適化を行う手段として、鋳造方案・金型設計では、湯流れ解析、凝固解析などの鋳造シミュレーションにより、さまざまな欠陥の発生を事前に予測して設計に盛り込む手段として使用されます。解析事例を**図2-3-12**に示します。

❷CAE解析の手順

　解析の一般的な作業手順を**図2-3-13**に示します。

(a) 3Dモデル：最初に3D-CADなどで3Dモデルを作成します。ユーザーが既に3Dモデルを作成している場合には、それを利用することができます。3Dモデルデータの授受は、使用する3D-CADが異なる場合にはIGESやSTEPなどの中間データにより変換します。

(b) メッシュ分割：3Dモデルのメッシュ（要素）分割は、プリ・プロセッサにて行い、その方法には大別して有限要素法（FEM）と差分法（FDM）があります。メッシュの品質は解析精度に大きな影響を与えます。解析精度を高めるためにメッシュを小さくすると、計算時間が長くなったり計算が収束しなかったりする場合もあるので適切なメッシュサイズを設定します。

(c) 解析条件設定：密度や動粘性係数などの鋳造材料の物性値、溶湯温度や金型温度などの初期条件、溶湯／金型間の熱伝達係数などの境界条件、溶湯の流入速度、壁面抵抗、背圧や温度考慮の有無などの解析条件を設定します。

(d) 計算：コンピューターにより実際に計算を行わせる部分で、ソルバーと呼ばれます。湯流れ解析、凝固解析を一緒に計算する連成解析や、射出スリーブ内での溶湯挙動解析、凝固組織予測、熱応力解析などさまざまなソルバーがあります。

(e) 結果出力：数値解析結果を可視化して出力する部分で、ポスト・プロセッサと呼ばれます。湯流れ解析であれば充填状況、速度分布などが、凝固解析

であれば温度勾配、凝固時間などが表示されます。
(f) 評価：応力解析などの数値で結果が表示される場合は、実験値や過去のデータと比較して評価し、鋳造シミュレーションでは、実際の欠陥の発生機構と湯流れ・凝固解析で得られた結果を照らし合わせて評価します。
(g) 繰り返し（形状変更、条件変更）：必要に応じて解析結果を参考にモデル形状、条件、要素サイズなどを変更し再度解析します。

表 2-3-5 ダイカストで使用される CAE 解析

使用工程	解析の種類	概要
製品設計	応力解析	製品に加えられる荷重によって、製品内に発生する応力分布、ひずみを解析し、破壊箇所や変形などを予測する
鋳造方案設計・金型設計	湯流れ解析	金型キャビティでの溶湯の充填状況を解析し、最終充填部、ガス欠陥発生予測などを行う
	凝固解析	金型キャビティで溶湯が凝固する過程を解析し、ひけ巣の発生箇所などを予測する
	金型温度解析	金型キャビティで溶湯が凝固する際の金型の温度変化を解析し、焼付き発生箇所の予測や、金型内部冷却の設計などを行う

図 2-3-12 解析事例

図 2-3-13 解析の作業フロー

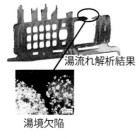
湯流れ解析結果

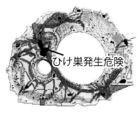
湯境欠陥

ひけ巣発生危険

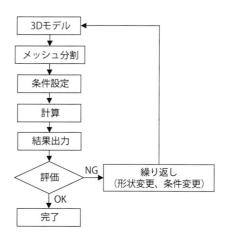

要点 ノート

CAE 解析は、コンピューターを活用した工業解析技術である。CAD などにより作成したモデルを用い、コンピューター上で数値解析することで、応力・構造解析や鋳造シミュレーションを行う。

〈3〉 鋳造方案設計

射出スリーブおよびランナーを設計する

❶射出スリーブ

　射出スリーブは、プランジャーチップにより溶湯を射出するための円筒形状のシリンダーです。射出スリーブの直径D（m）は、鋳造圧力P_1（Pa）、射出力F_1（N）によって式（*2-3-13*）で示されます。

$$D = \sqrt{\frac{4F_1}{\pi P_1}} \qquad (2\text{-}3\text{-}13)$$

　また、射出スリーブの直径は、式（*2-3-14*）のようにスリーブに注湯される溶湯の量（可鋳質量：W（kg））とプランジャーのストローク（L_p（m））、スリーブ充填率（γ）によっても示されます。なお、ρは鋳造合金の密度（kg/m³）です。

$$D = \sqrt{\frac{4W}{\pi \cdot \rho \cdot \gamma \cdot L_p}} \qquad (2\text{-}3\text{-}14)$$

　溶湯が射出スリーブ、プランジャーチップ、分流子と接する面積と充填率の関係は、**図2-3-14**で示されます。充填率は40〜60％が良いとされます。

❷ランナー

　ランナーは、鋳込み口からゲートまで溶湯が流れる通路で、湯道とも呼ばれます。ランナー内を流れる溶湯速度のパターンには、**図2-3-15**に示すように4種類があります。(a)と(b)は断面積が一定で、溶湯の速度が一定となる定速型ランナー、(c)は次第に断面積が減少して溶湯の速度が増加する増速型ランナー、(d)は逆に断面積が増加して溶湯の速度が次第に低下する減速型ランナーです。ランナー内での空気の巻き込みを防ぐため、増速型か定速型が用いられます。

　図2-3-16に代表的なランナーの平面形状を示します。(a)の直線ランナーは、ゲート断面積の小さな小物ダイカストや欠陥の許されない部分に集中的に溶湯を流す場合に用いられます。(b)はファンゲートと呼ばれ、ゲートに向かって幅を広げ、厚さを次第に薄くして溶湯の速度を均一に増加させる場合に用います。(c)はT字型ランナーで、薄く幅広いゲートを設定する場合に使用されます。(d)は枝状ランナー（カスケード方式ランナー）と呼ばれ、数カ

所のゲートから溶湯をキャビティに流入させる場合に用います。ランナーの先端には湯先をそろえるための拡張部（エクステンション）を設けます。

ランナーの断面形状は、図2-3-17のように台形が多く用いられます。ランナーの幅（W）は、厚さ（D）の1.6〜4倍が一般的です。これより大きくなると溶湯に接する表面積が多くなり溶湯温度の低下を招き、小さすぎると凝固の遅れや、金型温度温の上昇による焼付きが発生しやすくなり注意が必要です。

| 図2-3-14 | 溶湯が接する接触面積とスリーブ内充填率の関係 |

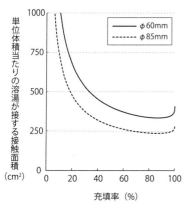

| 図2-3-15 | ランナー形状と流速モデル |

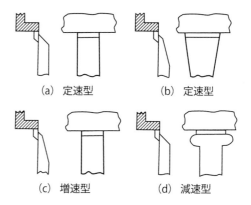

（出典：武田ほか「日本ダイカスト会議論文集 JD84-14」(1984)）

| 図2-3-16 | ランナーの平面形状の例 |

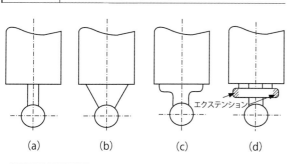

| 図2-3-17 | ランナー断面形状 |

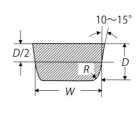

要点 ノート

射出スリーブおよびランナーは、溶湯を金型キャビティに導く役割がある。いずれも、途中でガスの巻き込みや溶湯の冷却が起きにくくなるように配慮して設計する必要がある。

【3】鋳造方案設計

ゲートランナーおよびゲートを
設計する

❶ゲートランナー

　ゲートランナーはランナーからゲートまでを接続する部分のことです。ゲートランナーの形状は、**図2-3-18**のようにフィード、ランド、ゲートで構成されます。**図2-3-19**（a）のようにフィード角（θ）が大きくランドが短いと断面積が急激に絞られるため、噴霧状に広がって流出します。（b）のようにフィード角（θ）が大きくランドが長い場合には、溶湯が渦巻き状に広がって流出します。（c）のようにフィード角（θ）が小さく、ランドが長い場合には層流に近い状態で流出します。ランドの長さは1.0〜3.0 mmが一般的です。

❷ゲート

　ゲートの位置は、湯回り、製品の機能や外観、鋳抜ピン、後加工などを考慮して設置します。ゲートは、製品の厚肉部、最終充填部までの最短流路、金型壁と溶湯の衝突が少ない位置などに設置します。

　ゲートの厚さは、アルミニウム合金で0.5〜4.0 mm、亜鉛合金で0.3〜1.0 mmが一般的に使用されます。ゲートが薄い場合には、ゲート速度が速くなり薄肉品や外観製品には適していますが、ゲート抵抗が大きくなり金型が侵食されやすくなります。逆に厚い場合には、圧力伝達が良く製品内部の鋳巣が減少して気密部品や厚肉品に適していますが、ゲート付近に鋳巣を発生することがあります。

　ゲートの断面積 A_g（m²）は、式（2-3-15）のように許容充填時間 t（s）、ゲート速度 v_g（m/s）、充填体積 V（m³）を勘案して決めます。

$$A_g = \frac{V}{v_g \cdot t} \qquad (2\text{-}3\text{-}15)$$

　ゲートには**図2-3-20**のような種類があります。（a）のサイドゲートは、製品の側面から縦壁に沿って溶湯を充填します。（b）のスプリットゲートは、固定型、可動型両方に対称にゲートがあり、均等に溶湯を入れる場合に適しています。（c）のパッドゲートは、プレストリミングがある場合に最適です。（d）のエンドゲートは、ゲートのある製品端面を機械加工する製品に適しています。（e）のスクープゲートは、溶湯が縦壁に沿って流れるため、湯流れ性

74

にもっとも優れていますが、型分割面が複雑になり金型製作が難しい欠点があります。

(a)、(d)、(e) は、湯流れの方向を製品の形状に合わせたもので、ゲートを通過する溶湯が金型キャビティ面に当たる衝撃を緩和し、焼付きや型侵食を防止できます。一方、(b) および (c) は、金型キャビティ面を溶湯が直撃するため、型侵食や焼付き対策をとる必要があります。(a)、(b)、(c) はトリミング後にベルトサンダーなどで仕上げ加工が必要です。

図 2-3-18 | ゲートランナーの模式図

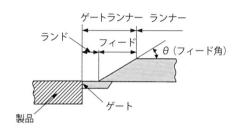

図 2-3-19 | ランナーの形状とゲートから流出する溶湯の形態

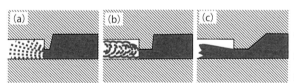

(a) フィード角が大きくランドが短い
(b) フィード角が大きくランドが長い
(c) フィード角が小さくランドが長い

図 2-3-20 | ゲートの形式

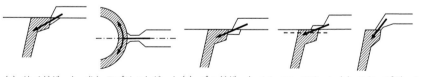

(a) サイドゲート (b) スプリットゲート (c) パッドゲート (d) エンドゲート (e) スクープゲート

(出典:(一社)日本ダイカスト協会「DCS D1〈金型編〉第4版」(2008))

要点 | ノート

ランナーを通過した溶湯は、ゲートランナーを経由してゲートから金型キャビティに充填される。その形状、位置はダイカストの品質を大きく左右するので十分に検討して設計する。

3 鋳造方案設計

オーバーフローおよび
エアベントを設計する

❶オーバーフロー

オーバーフローは、溶湯中の酸化物・チップ潤滑剤や離型剤の残さや空気・ガスを製品外に排出する、湯流れ性を良好にするなどの目的で最終充填部、溶湯の合流箇所、溶湯のよどむ箇所などに設置されます。また、金型温度が低い場所に保温のために設置する場合もあります。

図2-3-21、**表2-3-6**にエアベントを含めたオーバーフロー寸法・形状の例を示します。**図2-3-22**（a）のようにオーバーフローは横長にして少数つけるより、（b）のように小さいものを多くつける方が効果的です。（c）のように広くすると、オーバーフローに流入した溶湯がキャビティに逆流し、後続の溶湯の充填を妨げる場合があるので避けるべきです。オーバーフローの総体積は、製品肉厚により異なり、肉厚が1mm程度では製品体積の50〜75%、2mm程度では25〜50%が目安とされます。それ以上の肉厚では20%程度を目安とします。

❷エアベント

エアベントは金型キャビティの空気やガスを充填時間内に金型の外に排出するために、通常はオーバーフローと一対に設置されます。

エアベントの断面積A_e（m²）は、式（2-3-16）で示されます。

$$A_e = \frac{V_a}{v_a \cdot t} \tag{2-3-16}$$

V_a：キャビティから排出されるガス量（L）、v_a：エアベントから排出されるガスの速度（m/s）、t：充填時間（s）

v_aは溶湯速度の3〜4倍程度とし、音速を超えないようにします。エアベントの総断面積はゲート総断面積の50%以上が望ましいとされます。エアベントの厚さは、オーバーフローから20〜50mmの間はやや厚く、その先端は薄くして金型の外につなげます。エアベントの平面形状は、**図2-3-23**のようにすると詰まり防止や金型外への溶湯の噴出を防止できます。十分な排気能力が得られない場合には、**図2-3-24**に示すような波板状のガス抜き（チルベント）や、真空装置を使った強制排気が行われます。

76

図 2-3-21 オーバーフローとエアベントの寸法・形状の例

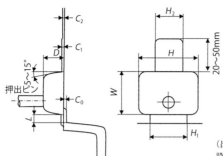

(出典:小林三郎「ダイカスト金型の設計・製作」日刊工業新聞社(1993))

表 2-3-6 オーバーフローとエアベントの寸法

(mm)

	H	W	D	C_0	C_1	C_2	H_1	H_2	L
Al 合金	12〜50	10〜35	6〜12	0.5〜1.5	0.25〜0.35	0.1〜0.15	8〜35	8〜25	2〜3
Zn 合金	10〜30	8〜30	5〜10	0.4〜0.8	0.1〜0.15	0.05〜0.1	7〜22	7〜20	1.5〜2

(出典:小林三郎「ダイカスト金型の設計・製作」日刊工業新聞社(1993))

図 2-3-22 オーバーフローの大きさと位置の例

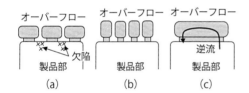

図 2-3-24 波板状のガス抜き (チルベント)

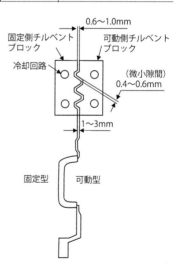

図 2-3-23 トラブルを回避するエアベントの例

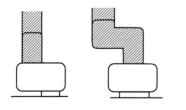

(出典:小林三郎「ダイカスト金型の設計・製作」日刊工業新聞社(1993))

要点 ノート

オーバーフローおよびエアベントは、ガスや介在物を金型キャビティから排出したり、溶湯の湯流れ性を良好にしたりしてダイカストの品質を確保するために重要な方案である。

【4 金型設計

キャビティレイアウトと
金型分割を設定する

❶金型設計

　ダイカスト金型は、ダイカストの生産性・品質の8割を決定すると言われ、ダイカスト金型を設計する上では、生産性や品質以外にも製作コスト、作りやすさ、耐久性、製作納期、メンテナンス性などを十分に考慮します。

❷キャビティレイアウト

　金型入子内に製品を配置することを「製品レイアウト」あるいは「キャビティレイアウト」と言い、鋳造方案と引抜中子の方向や金型分割面の設定と併せて検討します。キャビティレイアウトにあたっては次の点に留意します。ダイカストマシンとの関係においては、**図2-4-1**に示すダイカストマシンのダイプレート中心と製品の中心の距離が離れすぎると、型開きが偏って鋳バリが発生する恐れがあります。また、引抜中子を引き抜く方向にタイバーがあると干渉するため、金型をダイカストマシンに取り付けることができません。

　品質面においては、**図2-4-2**のようにゲートから最終充填部までの流路はできる限りは短くすること、ゲート付近は金型損傷が起きやすいので外観や機能が要求される部分は避けること、製品の厚肉部はゲート側に配置して鋳造圧力を伝達しやすくし、反ゲート側に向かって断面積が増加する配置は避けることなどがあげられます。また、経済性、加工性を配慮して金型サイズができる限りコンパクトになるようにすることが大切です。

❸金型分割面の設定

　金型分割面は、ダイカストを固定型、可動型、引抜中子で構成する際の分割位置のことを言い、「パーティングライン」や「PL面」とも言います。ランナー、ゲート、オーバーフロー、エアベントなどはこの金型分割面に設置され、その取り方により製品品質が大きな影響を受けることから十分検討する必要があります。金型分割面の設定には次の点に留意します。できる限り平面で単純な分割面とすること、アンダーカット部を作らないこと、品質（湯流れ性、ガス抜け性、寸法精度など）を考慮すること、経済性（生産性、仕上げ性、金型の作製費用および整備）を考慮することなどがあげられます。たとえば、**図2-4-3**（a）のように平面での単純な分割ではオーバーフロー近傍の製

品部(矢印)にガスが溜まりやすく、湯回り不良を発生する可能性があり、(b)のように分割面を変更することで湯回り不良を改善できます。

金型を構成する部品同士の合わせのクリアランス(固定型－可動型、可動型－引抜中子など)が大きいと、金型分割面で形状の食い違いが生じ、寸法がばらつきます。また、型開き方向は、型締力、鋳造圧力などの影響により、図2-4-4のように、型開き方向の寸法が大きくなる傾向にあります。高い寸法精度が要求される部分は、同じ金型要素内に入れる必要があります。

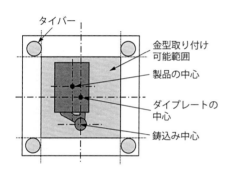

図 2-4-1 製品中心とダイプレート中心との偏心

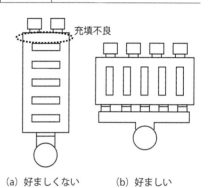

図 2-4-2 湯流れ性を考慮したキャビティ配置

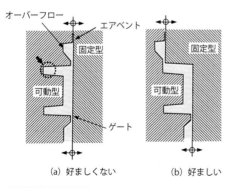

図 2-4-3 湯流れ性、ガス抜け性に配慮した金型分割面

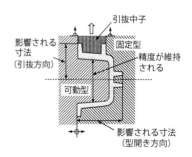

図 2-4-4 寸法精度を考慮した金型分割

> **要点 ノート**
> 金型は、鋳造合金、ダイカストマシンと並んでダイカストの3要素の1つである。その出来ばえはダイカストの生産性・品質に大きな影響を与えるので、設計段階で十分検討をしておくことが大切である。

❰4❱ 金型設計

縮み代を設定する

❶縮み代とは

　金型に鋳込まれた溶湯の温度が低下して室温に至るまでには、液体収縮、凝固収縮、固体収縮によって体積が収縮します。液体収縮、凝固収縮はプランジャーからの圧力によってある程度溶湯が補給されますが、凝固が完了した時点から熱収縮によってダイカストの寸法が小さくなります。この凝固完了後から室温に至までの熱収縮分を見込んで、金型を大きく作る割合のことを「縮み代」と言います。

❷縮み代の設定

　縮み代は、経験的には**表2-4-1**に示される値を用います。製品ごとに詳細な縮み代の計算を行う場合は以下の通りにします。

一般的に縮み代ΔLは、式（*2-4-1*）で計算されます。

$$\Delta L = \frac{L_0 - L}{L_0} = \frac{\Delta l}{L_0} \qquad (2\text{-}4\text{-}1)$$

　L_0：室温の金型寸法（m）、L：室温の製品寸法（m）、Δl：製品の縮み量（m）

　ダイカストの場合、金型と製品の組み合わせには**図2-4-5**の種類があり、それぞれ縮み代の計算式が異なります。

（a）中子などがあり自由に収縮できない場合：ダイカストは、図2-4-5（a）のように中子に形状が彫り込まれているため自由に収縮できないことが多く、この場合の縮み代は式（*2-4-2*）により計算します。

$$\Delta L = \beta\,(T_e - T_0) - a\,(T_m - T_0) \qquad (2\text{-}4\text{-}2)$$

　ΔL：縮み代、a：金型材料の熱膨張係数（℃$^{-1}$）、T_e：製品の取出温度（℃）、β：合金の熱膨張係数（℃$^{-1}$）、T_m：金型の平均温度（℃）、T_0：室温（℃）

　図2-4-6に金型温度を150℃とした場合の、縮み代に及ぼす製品取出温度の影響を示します。それぞれの計算に用いる熱膨張係数を**表2-4-2**に示します。製品取出温度が高いほど縮み代は大きくなります。

（b）中子などがなく自由に収縮できる場合：中子のない場合は、製品が凝固終了後から自由に収縮できるので、製品の取出温度T_eの代わりに合金の固相線温度T_fを用いて式（*2-4-3*）で計算します。

$$\Delta L = \beta (T_f - T_0) - a (T_m - T_0) \quad (2\text{-}4\text{-}3)$$

(c) 収縮の制約がある部分とない部分が含まれる一般的な場合：実際のダイカストでは中子による拘束がある部分とない部分があるので、図2-4-5（c）の場合には、それぞれの区間に応じて縮み代を合計して式（2-4-4）のように計算します。

$$\Delta L = \frac{\Delta L_1 + \Delta L_2 + \Delta L_3}{L}$$

$$= \frac{(L_1 + L_3)\{\beta(T_f - T_0) - a(T_m - T_0)\} + L_2\{\beta(T_e - T_0) - a(T_m - T_0)\}}{L} \quad (2\text{-}4\text{-}4)$$

表 2-4-1 経験的に使用される縮み代の値

合金種	縮み代
亜鉛合金	3/1000〜5/1000
アルミニウム合金	3/1000〜7/1000
マグネシウム合金	4/1000〜6/1000

表 2-4-2 鋳造合金の線熱膨張係数

合金種		線熱膨張係数 (10^{-6}/℃)
亜鉛合金	ZDC2	27.4
アルミニウム合金	ADC6	25.0
	ADC12	21.0
マグネシウム合金	AZ91D	27.2
金型材料	SKD61	13.0

図 2-4-5 ダイカスト製品の形状

(a) 中子があり自由に収縮できない場合

(b) 中子がなくて自由に収縮できる場合

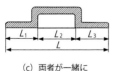
(c) 両者が一緒に含まれる場合

図 2-4-6 中子があって自由に収縮できない場合の製品の取出温度と縮み代の関係
（金型温度 150℃）

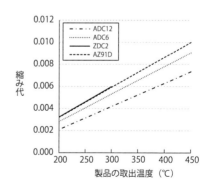

要点 ノート

縮み代を見込んで金型キャビティを大きく作らないと、ダイカストは金型から取り出した後に収縮して所定の寸法にならないことがある。縮み代は、中子の拘束がある場合とない場合で異なるので注意が必要である。

❪4❫ 金型設計

金型の大きさを設定する

❶金型の大きさ

　第1章第3節で紹介したように、金型キャビティに充填された溶湯にはパスカルの原理が働き、鋳造圧力によって型開力が発生します。それに耐えられるようにダイカストマシンの大きさ、つまり型締力が設定されます。型開力は式2-4-5で計算できますが、投影面積はビスケット、製品、ランナー、オーバーフローすべてを加えた全投影面積を設定します。

$$F_2 = (1.2 \sim 1.5) \ F_1 = (1.2 \sim 1.5) \ P_1 \cdot A_1 \qquad (2\text{-}4\text{-}5)$$

　F_2：型締力（N）、F_1：型開力（N）、P_1：鋳造圧力（Pa）、A_1：投影面積（m²）

　金型をダイカストマシンに取り付けられる金型の最大外形は、図2-4-1で示したように4本のタイバー間隔（タイバーの内のりの距離）以内とします。また、固定型と可動型を合わせた金型の厚さは、**図2-4-7**に示すようにダイハイトと型開きストロークで最大値と最小値が決まります。

❷金型の剛性

　ダイカスト金型には、鋳造圧力による変形、熱応力による変形、鋳バリの噛込みなどによる機械的応力による変形などが発生します。固定型は固定盤に接しているので変形は少ないですが、可動型はダイベースに支えられているだけなので変形しやすくなります。特に鋳造圧力による変形が問題となり、おも型の厚さが重要になります。

　図2-4-8に示す構造の可動型を想定した場合、鋳造圧力によって発生するおも型の最大たわみ量は、式（2-4-6）で示されます。ここで、鋳造圧力を受ける部分の幅lがダイベースのスパンLと同じと仮定します。

$$\delta = \frac{PbL^4}{32EBh^3} \qquad (2\text{-}4\text{-}6)$$

　δ：最大たわみ量（m）、P：鋳造圧力（Pa）、b：鋳造圧力を受ける部分の長さ（m）、L：ダイベースのスパン（m）（$=l$：鋳造圧力を受ける部分の幅（m））、E：縦弾性係数（Pa）、B：金型の長さ（m）、h：金型の厚さ（m）

　たわみ量が大きいと寸法不良や鋳バリの発生につながります。たわみ量を抑えるおも型の厚さは式（2-4-6）を変形して式（2-4-7）で表されます。

第2章　ダイカスト設計の実際

$$h = \sqrt[3]{\frac{PbL^4}{32EB\delta}} \quad (2\text{-}4\text{-}7)$$

図2-4-9に鋳造圧力を受ける部分の長さ（b）200 mm、金型の長さ（B）600 mm、ダイベースのスパン（$L=l$）400 mm、縦弾性係数（E）$1.5×10^5$ MPa（FCD550）とし、鋳造圧力（P）を50〜70 MPaまで変えた時の、おも型の厚さと最大たわみ量の関係を示します。おも型が厚いほど最大たわみ量は減少します。鋳バリの発生しにくい0.1 mm以下のたわみ量にするには、式（2-4-7）よりおも型の厚みは鋳造圧力50 MPaで94 mm、70 MPaで108 mm、90 MPaで117 mm以上が必要になります。

図 2-4-7　金型の厚さの制限

図 2-4-8　可動型おも型の厚さ

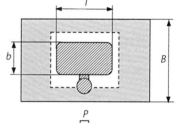

図 2-4-9　おも型の厚さと最大たわみ量

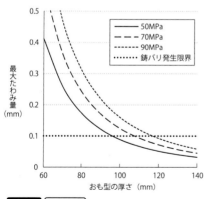

要点／ノート

金型の大きさは、使用するダイカストマシン、製品の大きさ、キャビティ配置、金型分割、鋳造方案（ランナー、オーバーフロー、エアベント）などを検討して設定する。

【4 金型設計

押出ピンの設定

❶離型力とは

金型キャビティで凝固したダイカストは、図2-4-5（a）、（c）のように中子がある場合は、熱収縮によって中子に抱き付きます。これを押し出す時に必要な力を離型力と呼びます。**図2-4-10**に底板があるカップ状ダイカストの模式図を示します。この時の離型力は式（*2-4-8*）で示されます。

$$P = P_1 + P_2 + P_0 \qquad (2\text{-}4\text{-}8)$$

P_1：側壁の収縮による離型力（N）

$$P_1 = 2\pi s L \sigma_t \left(\mu_s \cos\theta - \sin\theta \right) \qquad (2\text{-}4\text{-}9)$$

P_2：底板の収縮による離型力（N）

$$P_2 = \frac{R}{2} S_B \sigma_t \left(\mu_s \cos\theta - \sin\theta \right) \qquad (2\text{-}4\text{-}10)$$

P_0は合金強度を0に外挿した時の離型力で式（*2-4-11*）で示され、Wはダイカストの質量（kg）です。ただし、$P_0 \leqq 29.4\text{kN}$

$$P_0 = 9800 W \qquad (2\text{-}4\text{-}11)$$

s：ダイカストの肉厚（m）、L：縦壁の高さ（m）、θ：抜勾配（deg）、σ_t：取出し温度での合金の引張強さ（MPa）、μ_s：静止摩擦係数、R（$2\pi r$）：底部の内周長さ（m）、S_B：底部の厚さ（m）

ADC12の引張強さ（σ_t）と温度（T）の関係は式（*2-4-12*）で計算できます。

$$\sigma_t = 304 + 26.8 \times \left(\frac{T}{100} \right) - 60.8 \times \left(\frac{T}{100} \right)^2 + 12.1 \left(\frac{T}{100} \right)^3 - 0.676 \times \left(\frac{T}{100} \right)^4 \quad (2\text{-}4\text{-}12)$$

離型力の計算は、底板のない場合には式2-4-8のP_2を外し、底板のある場合には式2-4-8で計算します。

❷押出ピンの設定

押出ピンの断面積、本数を適正化するには、まずダイカスト製品の部分ごとに必要な離型力を計算し、押出ピンにかかる応力がいずれのピンも同程度になるように押出ピンの位置、径、本数を決定します。

押出ピンにかかる応力p（Pa）は、式（*2-4-13*）で求め、その応力が押出ピンの挫屈応力σ_B（Pa）を超えないように押出ピンの総断面積を決定します。

84

$$p = \frac{P}{A} \leq \sigma_B \qquad (2\text{-}4\text{-}13)$$

P：離型力（N）、A：押出ピンの総断面積（m²）、σ_B：押出ピンの座屈応力（Pa）

押出ピンの必要本数は、式（2-4-14）で計算できます。

$$A = \pi \left\{ n_1 \left(\frac{d_1}{2}\right)^2 + n_2 \left(\frac{d_2}{2}\right)^2 + \cdots n_i \left(\frac{d_i}{2}\right)^2 \right\} \quad (2\text{-}4\text{-}14)$$

d：押出ピンの直径（m）、n：押出ピンの本数

押出ピンの径は一般に小物ダイカストで4〜6 mm、中物ダイカストで6〜8 mm、大物ダイカストで10〜15 mmのものが用いられます。

押出ピンの変形量（ΔL）は式（2-4-15）で示され、各ピンの変形量が均一になるように長さ、径を調整します。

$$\Delta L = L \cdot \left(\frac{p}{E}\right) \qquad (2\text{-}4\text{-}15)$$

L：押出ピンの長さ（m）、p：押出ピンにかかる応力（Pa）、E：鋼のヤング率（＝204GPa）

押出ピンは標準部品としてJIS B 5103（2003）「モールド用エジェクタピン」として規定されていますので、通常は規格品を使用します。

図 2-4-10 ダイカストの離型力の計算模式図

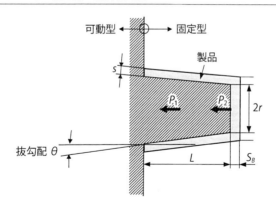

> **要点 ノート**
> 押出ピンは、金型から製品を離型するためのもので、通常は可動型に配置する。
> 押出ピンは、金型から製品をバランス良く離型するために、十分な押出力を発生できる配置、本数、面積（ピンの大きさ×本数）にする必要がある。

《4》金型設計

金型冷却の設定

❶金型冷却

　金型内にはサイクルごとに熱が蓄積されるため、冷却管を配置します。これを内部冷却（内冷）と言い、その方式には**図2-4-11**に示すような種類があります。噴流式は局所的に冷却する場合、直流直線式は金型内を一方向に冷却水を流す方法で金型全体を冷却する場合、直流循環式は金型全体と局所的に冷却する場合に使用されます。冷却管には**図2-4-12**に示すように、噴流式冷却管と直流式冷却管があります。

❷金型冷却設計の手順

(a) 単位時間当たりに金型に流入する熱量：単位時間当たりダイカストから金型に与えられる熱量 Q（J/h）は、式（*2-4-16*）で示されます。

$$Q = W_p \cdot n \cdot \left\{ C_p \left(T_c - T_e \right) + H \right\} \qquad (2\text{-}4\text{-}16)$$

　　W_p：製品質量（kg）、n：時間当たりのショット数（個/h）、C_p：合金の平均比熱（J/kg・℃）、T_c：鋳込温度（℃）、T_e：製品取出し温度（℃）、H：凝固潜熱（J/kg）

(b) キャビティ面からの冷却穴深さ位置：冷却穴は、型割れを防ぐためにキャビティ表面から $15 \sim 25\,mm$ 離れて設置しますが、離れすぎると冷却効率が悪くなります。適切な距離 L（m）は、式（*2-4-17*）で計算されます（**図2-4-13**）。

$$L = \frac{k_d \cdot S \cdot \left(T_d - T_i \right)}{Q_d} \qquad (2\text{-}4\text{-}17)$$

　　Q_d：固定型、可動型それぞれに流入する熱量 $= 0.5Q$（J/h）、k_d：金型の熱伝導率（W/m・℃）、S：伝熱面積（m²）、T_d：金型表面温度（℃）、T_i：冷却水穴周囲温度（℃）

(c) 冷却管必要本数

　金型に伝達された熱量のうち約1/3は、大気中やダイカストマシン側に伝達されるため、内部冷却で除去する熱量は Q_d の2/3程度です。そこで、冷却水路の総断面積 A_c（m²）は、式（*2-4-18*）で表されます。

$$A_c = \frac{2}{3} \cdot \frac{Q_d}{C_c} \qquad (2\text{-}4\text{-}18)$$

　C_cは冷却水路の冷却能力で、噴流式で204～335kJ/(cm^2・h)、直線式で105～126kJ/(cm^2・h) と言われています。

　同一の冷却水路を用いた場合の冷却水路本数nは、式（2-4-19）で示されます。

$$n = \frac{A_c}{\pi \cdot d_c \cdot l_c} \qquad (2\text{-}4\text{-}19)$$

　d_c：冷却穴の内径（m）、l_c：冷却穴の有効長さ（m）

図 2-4-11　金型内部冷却方案

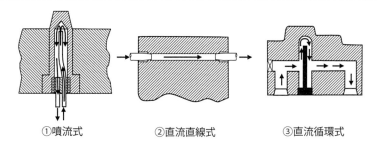

①噴流式　　　　②直流直線式　　　　③直流循環式

図 2-4-12　冷却管の種類

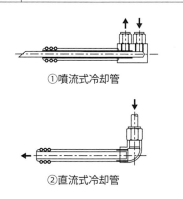

①噴流式冷却管

②直流式冷却管

図 2-4-13　キャビティ面から冷却管までの距離（1次元モデル）

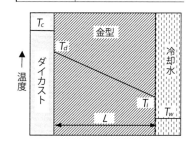

要点　ノート

ダイカスト金型の温度は、鋳造ショットごとにダイカストからの熱が伝達されて次第に上昇する。金型温度をある範囲で一定に保つために金型内には冷却管を配置して、制御を行う。

コラム　　　いろんな「鋳造欠陥」②

● 外部欠陥（その1） ●

①ヒートチェック傷

ダイカスト金型の表面に加熱・冷却の繰り返しの熱疲労によって網目状に発生した微細なクラックを「ヒートチェック」と言います。そのクラック内に溶湯が侵入することで発生した凸状の駄肉を「ヒートチェック傷」と言います。

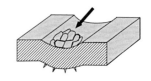

②焼付き傷

金型や鋳抜ピンなどに鋳造合金が融着し、ダイカストの離型時に一部が金型に残り、製品表面に欠肉や粗面が生じたものを「焼付き傷」と言います。発生原因は、熱の集中や冷却不足により金型に過熱部ができ、金型と鋳造合金が化学的に反応したことによります。

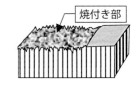

③かじり傷

中子を引き抜いたり、金型からダイカストを押出したりする際に、離型剤の付着が不十分な場合や焼付きが発生した場合にダイカストの表面に移動方向に沿って線状に形成される引掻き傷のことを「かじり傷」と言います。

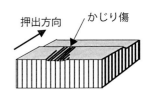

④型侵食傷

金型キャビティに溶湯が高速で充填される際に、ランナー、ゲート、キャビティに溶湯が衝突することによって金型が損耗・侵食されることを型侵食と言います。侵食した部分に溶湯が侵入して駄肉になることを「型侵食傷」と言います。

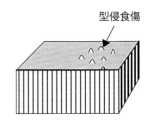

（模式図の出典：日本鋳造工学会「ダイカストの鋳造欠陥・不良及び対策事例集」(2000)）

【 第**3**章 】

鋳造作業の実際

❰1 溶解作業

溶解原材料

❶地金

　ダイカストに用いる合金地金は、JIS 規格（**表3-1-1～表3-1-4**）にその化学成分・組成が規定されています。銅合金には、鋳物用銅合金地金が用いられます。

　アルミニウム合金の場合には、純度区分によって一次地金と二次地金があります。たとえば表3-1-1にはAD12.1とAD12.2がありますが、前者がアルミニウム缶やサッシなどのスクラップに純Al地金や各種の合金元素が添加された二次地金（再生塊）、後者が不純物の少ない純Alに各種元素を添加して合金にした一次地金（新塊）です。アルミニウム合金の場合9割以上に再生塊が用いられます。地金は**図3-1-1**に示すように、通常は1本約5kgのインゴット100本を括り約500kgで供給されます。

❷リターン材（返り材）

　リターン材は、**図3-1-2**のようにダイカストの製造工程で発生した不良品やトリミングによって発生したビスケット、ランナーなどの製品以外の部分を再度原材料とするものです。リターン材には、離型剤の残渣の付着や酸化皮膜で覆われていたりするので、アルミニウム合金や亜鉛合金では、その使用量は溶解量全体の6割程度までとします。マグネシウム合金の場合は、一般的にはリターン材は使用しません。

❸切粉

　自社工場内で切削などの機械加工が行われる場合には、発生した切粉も原材料とします。切粉は切削油などを十分に除去し、溶解時の酸化ロスを少なくす

表 3-1-1 | 主なダイカスト用アルミニウム合金地金の化学組成 (JIS H 2118 : 2006)

(%)

種類の記号	Cu	Si	Mg	Zn	Fe	Mn	Cr	Ni	Sn	Pb	Ti	Al
AD6.1	≦0.1	≦1.0	2.6-4.0	≦0.4	≦0.6	0.4-0.6	−	≦0.1	≦0.1	≦0.10	≦0.20	残部
AD6.2	≦0.05	≦1.0	2.6-4.0	≦0.03	≦0.6	0.4-0.6	−	≦0.03	≦0.03	≦0.03	≦0.03	残部
AD12.1	1.5-3.5	9.6-12.0	≦0.3	≦1.0	0.6-1.0	≦0.5	−	≦0.5	≦0.2	≦0.2	≦0.30	残部
AD12.2	1.5-3.5	9.6-12.0	≦0.03	≦0.03	0≦0.6	≦0.03	−	≦0.03	≦0.03	≦0.03	≦0.03	残部

るため、プレス成形して溶解します。

❹母合金

溶製した合金溶湯は、ダイカストの製品規格の化学組成の範囲内にある必要があります。もし分析値がJIS規格から外れていた場合には、SiやCuなどの元素を添加して成分調整を行います。しかし、これらの元素は融点が高く直接添加すると溶けにくく望ましくありません。そこで、あらかじめ純Alに単一元素を高濃度で合金化させた合金（母合金）を用います。

表3-1-2　ダイカスト用亜鉛合金地金の化学組成 (JIS H 2201：2015)

(%)

種類	Al	Cu	Mg	Pb	Cd	Sn	Fe	Zn
ダイカスト用亜鉛合金地金1種	3.9-4.3	0.75-1.25	0.03-0.06	≦0.003	≦0.002	≦0.001	≦0.035	残部
ダイカスト用亜鉛合金地金2種	3.9-4.3	≦0.03	0.03-0.06	≦0.003	≦0.002	≦0.001	≦0.035	残部

表3-1-3　主なダイカスト用マグネシウム合金地金の化学組成 (JIS H 2222：2006)

(%)

種類	記号	Mg	Al	Zn	Mn	Si	Cu	Ni	Fe	その他個々
1種D	MD1D	残部	8.5-9.5	0.45-0.9	0.17-0.40	≦0.08	≦0.025	≦0.001	≦0.004	≦0.01
2種B	MD2B	残部	5.6-6.4	≦0.2	0.26-0.50	≦0.08	≦0.008	≦0.001	≦0.004	≦0.01
3種B	MD3B	残部	3.7-4.8	≦0.1	0.35-0.6	0.60-1.4	≦0.015	≦0.001	≦0.035	≦0.01

表3-1-4　ダイカストに使われる主な鋳物用銅合金地金の化学組成 (JIS H 2202：2016)

(%)

銅合金鋳物用地金	記号	Cu	Sn	Pb	Zn	Fe	Ni	Al	Mn	Si
黄銅合金地金	CACIn203	58.0-64.0	≦1.0	0.5-3.0	残部	≦0.6	≦1.0	≦0.5	—	—
高力黄銅合金地金	CACIn302	55.0-60.0	≦0.1	≦0.4	残部	0.5-2.0	≦1.0	0.5-2.0	0.1-3.5	≦0.1

図3-1-1　アルミニウム合金地金 (500 kg)　　図3-1-2　ダイカストのリターン材の例

> **要点　ノート**
>
> ダイカストに用いる原材料には、合金地金、不良品、ビスケット、ランナー、オーバーフローなどのリターン材、切粉などがある。また、合金成分調整のためにAl-SiやAl-Cu合金などの添加用合金が用いられる。

【1】溶解作業

アルミニウム合金の溶解

❶溶解工程

　ダイカストマシンに溶湯を供給するために、原材料を溶解します。**図3-1-3**にアルミニウム合金の原材料の種類と溶解工程の概略を示します。溶解する原材料には、合金地金、リターン材、切粉、スクラップなどがあります。合金地金には、一次地金（新塊）と二次地金（再生塊）があり、リターン材や切粉などの配合量は通常60％以内とすることが望ましいとされています。溶解炉に原料を投入する際には水蒸気爆発を防ぐため、十分に予熱（120℃以上）する必要があります。溶解後は、合金成分分析、水素量や介在物量のなどの溶湯品質を確認し、不十分な場合は母合金などを用いて成分調整したり、脱ガス・脱滓を行ったりして健全な溶湯を鋳造に用います。

❷溶解設備

　合金の溶解は、ダイカストマシンと離れた場所で工場内にて使用する溶湯をすべて1箇所で溶解する「集中溶解方式」と、ダイカストマシンの横に設置して、溶解と保持を兼ねる「溶解保持炉」とがあります。

　図3-1-4に集中溶解に使用されるタワー式急速溶解炉の例を示します。原料を上部から投入し、炉の廃熱により予熱し、溶解します。溶湯は、取鍋を用いてダイカストマシンに近接した保持炉に供給されます。これを「ホットチャージ」と言い、保持炉の溶湯の温度変動を少なくできます。

　保持炉は、ダイカストマシンに近接して設置され、溶解の必要がなく保温のみの機能であるため熱容量は小さくてすみます。保持炉には、るつぼ炉、反射炉、浸漬ヒーター型保持炉などがあります。**図3-1-5**に浸漬ヒーター型保持炉の例を示します。熱源が溶湯内に浸漬されているため、熱効率、温度均一性に優れています。**図3-1-6**にダイカストマシンに隣接して設置する溶解兼保持炉を示します。炉には溶解室、保持室、汲出口（出湯口）を備えており、溶湯運搬が不要で、さまざまな合金種の溶解に対応できます。

❸溶解条件

　溶解は一般にADC12では750〜800℃で行われます。リターン材などの原材料表面の酸化膜を分離させるためには、750℃以上にするのが望ましいので

すが、溶解温度が800℃を超えると、アルミニウム合金溶湯が急激に酸化したり、水素ガスを吸収しやすくなったりするので、750℃以上に長時間保持することは避けます。

　鋳造時の保持炉の溶湯保持温度は、ADC12では640〜700℃が一般的です。薄肉製品では高めに保持します。休日で操業していない場合の保持温度は、若干低めで630〜660℃ですが、これより低くなると炉の底にAl-Fe-Si-Mnなどの金属間化合物などがスラッジとして沈降することがあるので注意が必要です。

図 3-1-3 アルミニウム合金の原材料の種類と溶解工程の概略

図 3-1-4 タワー式急速溶解炉

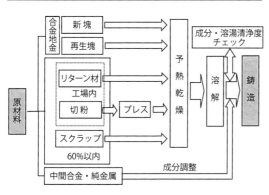
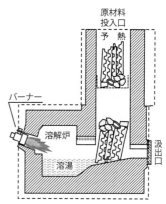

図 3-1-5 浸漬ヒーター型急速保持炉の例

図 3-1-6 溶解兼保持炉

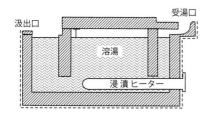
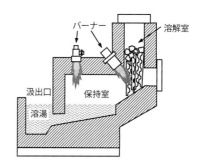

> **要点 ノート**
> アルミニウム合金の溶解には、合金地金とリターン材が用いられ、化学成分、溶湯品質を確認して鋳造に用いる。溶解方式には、集中溶解と個別溶解があり、生産規模や使用する合金種によって使い分ける。

93

1 溶解作業

脱ガス処理とその検査

❶水素ガスの吸収

　アルミニウム合金溶湯中には、大気中の水素分圧に応じて水素ガスが吸収されます。**図3-1-7**に純Al中の水素の溶解度と温度の関係を示します。水素は原子状（H）で溶解し、温度が高いほど多くの水素が溶解します。固体の水素の溶解度は著しく低く、凝固時に溶解限を超えた水素は分子状の水素ガス（H_2）として溶湯中に放出され、ピンホール（気泡）を発生します。

❷脱ガス処理

　ピンホールの発生を防止するためには、溶湯中に溶解した水素を除去する必要があります。そこで、フラックスや不活性ガスを用いて溶湯中の水素を除去します。この作業を「脱ガス処理」と言います。

(a) フラックスによる脱ガス：フラックスには、NaCl、KCl、NH_4Clなどのハロゲン化合物の混合塩が用いられます。溶湯量の0.2〜0.4％のフラックスを溶湯表面に散布して撹拌板で撹拌したり、ホスホライザー（多くの穴があいた容器）でフラックスを溶湯中に押し込んで撹拌します。溶湯中の水素は、**図3-1-8**のすようにフラックスから生成した$AlCl_3$ガスに拡散して除去されます。

(b) 不活性ガスによる脱ガス：ArやN_2などの不活性ガスをランスパイプ（微細な穴のあいたパイプ）や**図3-1-9**に示す回転翼（回転脱ガス法）から溶湯中に微細な泡として吹き込み、気泡に水素を拡散させて除去します。脱ガス時間は、ランスパイプで10〜30分程度、回転脱ガス法は3〜5分程度で0.1 mL/100gAl以下の水素量に低下できます。

(c) フラックスと不活性ガスの併用による脱ガス：不活性ガスをキャリアーとしてフラックスを溶湯中に吹き込んで、さらに効率よく脱ガスできます。

❸水素ガス量の検査

　溶湯中の水素ガスを測定するには**表3-1-5**のような方法があります。減圧凝固法は、定量的評価は難しいですが、簡便な方法で鋳造現場に適しています。減圧凝固法は**図3-1-10**に示すように、溶湯をステンレス製容器に採取し、減圧容器内に設置してから真空ポンプで減圧しながら凝固させ、冷却後に試料を

94

切断し、ガス気泡の分布と大きさから水素量を推測する方法です。図3-1-11に、減圧凝固法による脱ガス処理前と脱ガス処理後の試料の断面を示します。

| 図 3-1-7 | 純Al中の水素の溶解度と温度の関係 | 図 3-1-8 | フラックスによる脱ガス | 図 3-1-9 | 回転脱ガス法 |

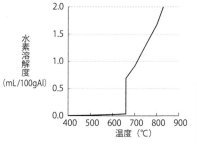
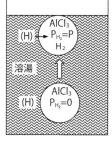
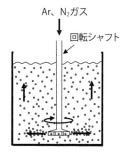

表 3-1-5　水素ガス量の検査方法

方法	原理	測定試料	測定精度	測定場所	難易度
ランズレー法	純銅製鋳型に溶湯を鋳込んで急冷させた試料を、真空中で再溶解して放出された水素ガス量を真空計の圧力変化から求める	固体	○	研究室	×
テレガス法	窒素などの不活性ガスを溶湯中に吹き込み、水素を不活性ガス中に抽出して熱伝導率を測定して求める	溶湯	△	現場（炉前）	○
イニシャルバブル法	減圧容器内のるつぼに溶湯を採取し、減圧しながら水素ガス気泡の発生を確認し、その時の温度と圧力から水素ガス量を求める	溶湯	△	現場（炉前）	△
減圧凝固法	溶湯を小さなるつぼに採取し、減圧容器内で凝固させて切断後、気泡の大きさと分布で判断する	溶湯	△～×	現場（炉前）	○
徐冷法	断熱材に設けたくぼみに溶湯を注湯し、溶湯表面の気泡の発生状態で判断する	溶湯	×	現場（炉前）	○

| 図 3-1-10 | 減圧凝固法 | 図 3-1-11 | 減圧凝固法による検査例 |

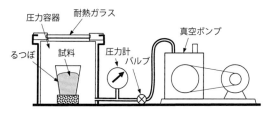

要点 ノート

アルミニウム合金溶湯は水素ガスを吸収しやすく、凝固時に冷却速度の遅い肉厚中心部にピンホールを発生する。製品によっては脱ガス処理を行って、水素量の管理をする必要がある。

〈1〉溶解作業

脱滓処理とその検査および
化学組成の検査

❶脱滓処理方法

溶湯中の介在物を除去することを「脱滓処理」と言います。脱滓処理には、脱ガス処理の（a）〜（c）と同様な方法、フィルターを用いての濾過などがあります。図3-1-12にダイカスト内に巻き込まれた酸化皮膜の例を示します。

フラックスによる脱滓は、NaCl、KClなどの塩化物とNaF、Na_2SiF_6などのフッ化物を主成分としたものを溶湯面に散布し、撹拌して行います。これらの溶融塩は、酸化物との濡れ性が良く、酸化物を吸着して溶湯表面に浮上してドロス（湯あか）を形成します。したがって、処理温度はフラックスが溶融する温度（700℃以上）で行います。

不活性ガス吹き込みによる脱滓は脱ガス処理と同様で、溶湯中に吹き込まれたガス気泡が、溶湯中の酸化物を吸着して浮上することで分離できます。

フィルターによる脱滓は、溶湯をセラミックス製の網状やスポンジ状のフィルターを用いて濾過することで介在物を除去する方法です。濾過の機構としては、図3-1-13に示すようにフィルター上面での酸化物補足とフィルター内での酸化物の吸着があります。

❷介在物検査方法

介在物の検査方法には、溶湯濾過法、破断面観察法、機械的研削法などがあります。現場でよく使用される方法は、破断面観察法でKモールド法があります。これは、図3-1-14に示すようなアルミニウム製の鋳型に鋳込んだ短冊状の試験片をハンマーなどで5〜6片に割り、破面に現れた介在物を数え、K値*で評価します。図3-1-15に破面の観察例を示します。表3-1-6に示すランクA〜Eに分類して溶湯品質を判定します。拡大鏡を用いて介在物の数を計測する場合には、K3値、K10値のようにその拡大倍率を付記します。

❸合金成分の検査

鋳造で一般的に用いられる合金成分の検査方法は、スパーク放電発光分光分析法です。スパーク放電により試料を発光させ、分光器によってそのスペクトルを調べ、試料中に含まれている元素の種類やその含有量を定量的に測定します。測定が短時間に行えることが特徴です。測定用試料は、図3-1-16に示す

96

ような金型（分析部の直径35〜60 mm、厚さ5〜10 mm）に溶湯を鋳込んで採取します。金型温度は100〜150℃程度とします。鋳肌面は合金成分の偏析があるため、分析面の2 mm程度を旋盤などで切削・除去して分析します。分析手法の詳細は、JIS H 1305：2005の発光分光分析方法に規定されているので参考にしてください。

| 図 3-1-12 | 鋳物中の酸化皮膜 |

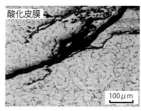
（写真提供：㈱大紀アルミニウム工業所）

| 図 3-1-13 | フィルターによる濾過 |

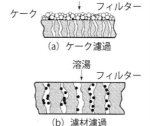

| 図 3-1-14 | Kモールド法 |

| 図 3-1-15 | Kモールドの破面観察例 |

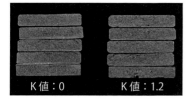

| 図 3-1-16 | 分析用試験片の採取 |

| 表 3-1-6 | Kモールド法による介在物の判定 |

ランク	K値	清浄度の判定	鋳造可否の判定
A	<0.1	清浄な溶湯	鋳造してもよい
B	0.1-0.5	ほぼ清浄な溶湯	鋳造してもよいができれば処理した方がよい
C	0.5-1.0	やや汚れている溶湯	処理の必要がある
D	1.0-10	汚れている溶湯	処理の必要がある
E	>10	著しく汚れている溶湯	処理の必要がある

$$^*K値 = \frac{S}{0.5n}$$

S：測定された介在物の総数
n：計測対象とした破面の数
　　（16以上とする）

要点 ノート

溶解したままの溶湯中には、酸化皮膜を主体とする介在物が発生する。溶湯中の介在物は鋳造性を悪化させたり、機械的性質を低下させたり、機械加工での刃具の破損や寿命を低下させたりするので脱滓処理を行う。

1 溶解作業

亜鉛合金の溶解

❶亜鉛合金の溶解

　亜鉛合金は、ダイカスト用亜鉛合金地金とスプルー、ランナー、オーバーフロー、不良品などのリターン材を使用します。合金を繰り返して使用する場合は、Al、Mgなどの合金成分が酸化減耗するため、亜鉛合金地金とリターン材を適切な割合で配合する必要があります。リターン材の配合率は、アルミニウム合金と同様に60％以内にすることが望ましいとされています。

　また、リターン材から発生するドロスを溶湯から分離するため、$ZnCl_2$、NH_4Clなどのフラックスを溶解量の0.1％程度を溶湯表面に散布し、よく撹拌して除去します。

　亜鉛合金ダイカストは、めっき、塗装、インサートなどがよく行われるため、そのリターン材には注意を払う必要があります。めっき品は、一般には再生材料専門業者に処理を委託します。塗装、インサート品に関しては塗装皮膜の炭化したドロスの発生やインサート材の混入による不純物の混入などに注意する必要があります。

　亜鉛合金ダイカストは、Pb、Sn、CdがJIS規格の範囲内を超えて混入すると粒間腐食を発生する危険性が高まるので、溶解にあたってはこれらの元素が絶対に混入しないように注意します。

❷溶解設備

　亜鉛合金は、一般的にはホットチャンバーマシンが使用されますが、大型の製品にはコールドチャンバーマシンが使用されます。溶解方式は、工場内に設けられた専用の溶解炉で溶解し、**図3-1-17**に示すようなモノレールでダイカストマシンの保持炉に供給するするホットチャージと、ホットチャンバーマシンと一体となった保持炉で溶解しながら鋳造するコールドチャージがあります。ホットチャージは設備費がかかりますが、コールドチャージに比較して溶湯温度の変動が少ない利点があります。溶解炉は、**図3-1-18**に示すようなるつぼ炉が多く用いられ、熱源はガス、電気、灯油、重油などが用いられます。

　亜鉛合金の溶解に使用する溶解鍋は、**図3-1-19**に示すようなるつぼ状および平鍋状のものが用いられ、材質は耐熱ミーハーナイト、球状黒鉛鋳鉄、耐熱

鋳鋼などの鉄系の鋳物が用いられます。溶解鍋の内側には、Alによる侵食を防止するため、アルミナイズド処理（溶融Alとの反応によって耐溶損性に優れた金属間化合物を表面に形成する処理）や塗型などを施します。

❸溶解条件

溶解温度は、420～450℃の範囲が望ましく、450℃を超えると鉄鍋からのFeが溶湯中で増加したり、合金成分中のMgの酸化減耗が起こったりしやすくなるので注意します。

図 3-1-17 | ホットチャージ用モノレール

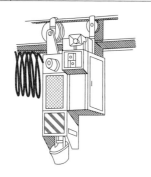

（写真提供：㈱エーケーダイカスト工業所）

図 3-1-18 | 定置式るつぼ溶解炉

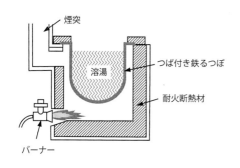

図 3-1-19 | 亜鉛合金の溶解に使用する溶解鍋

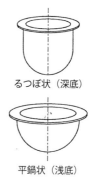

> **要点 ノート**
> 亜鉛合金ダイカストは、めっき品、塗装品、インサート材が多く用いられるのでリターン材の溶解に注意する。また、Pb、Cd、Snは粒間腐食の原因となるので絶対に混入しないように注意する。

❰1 溶解作業

マグネシウム合金の溶解

❶マグネシウム合金の溶解

　純Mgは、実用金属中でもっとも軽い金属ですが、きわめて活性で**図3-1-20**に示すように、空気中で加熱すると炎と強い光を発して燃焼します。また、水と反応すると水素ガスが発生し、水素爆発の危険性があります。合金になると少し安定しますが、アルミニウム合金や亜鉛合金に比較すると溶解には注意が必要です。

　マグネシウム合金は、Fe、Ni、Cuなどの元素が少しでも含まれると著しく耐食性が阻害されるので、成分の明確な地金を使用します。また、溶湯中に地金を投入する場合は、湿気を取り除くために十分に加熱（150℃以上）します。リターン材の使用は、FeやSi量が多くなりやすく、繰り返して使用するとAlやBe（ベリリウム）などが酸化減耗するので、その配合比率は低く抑えることが必要です。また、酸化物を発生しやすい鋳バリやオーバーフロー、エアベントなどのリターン材の使用は避けます。

　マグネシウム合金を大気中で溶解すると、空気中の水分や酸素と反応して閃光を発して激しく燃焼します。したがって、N_2、CO_2、乾燥空気の混合ガスをキャリアーとしたSF_6ガスの雰囲気中で溶解します。ただし、SF_6は地球温暖化係数が大きく、現在では代替ガスとして乾燥空気とSO_2の混合ガス、フッ化ケトン、HFC-134a（1,1,1,2-テトラフルオロエタン）などが用いられます。

❷溶解設備

　マグネシウム合金ダイカストの鋳造には、ホットチャンバーマシンが用いられることが多く、合金はダイカストマシンと一体となった**図3-1-21**に示したような大気と遮断した炉で溶解・保持されます。また、コールドチャンバーダイカストマシンの場合は、**図3-1-22**に示した密閉式のるつぼ炉が溶解保持炉として用いられます。

　溶解るつぼや溶解ポットは、ボイラー用鋼板（SB410）、Niを含まない耐熱鋼板（SUS430）の溶接構造や、鋳鋼（SC材）の鋳造品が使用されます。表面には寿命を延ばすためのアルミナイズド処理が施されます。黒鉛るつぼや鋳鉄製のるつぼは、割れやすかったり寿命が短かったりするので、絶対に使用しな

いように注意します。

　鉄るつぼから発生した酸化スケール（酸化皮膜）に溶湯が触れると、テルミット反応により爆発的な燃焼が起こるので、酸化スケールは定期的に除去します。

❸溶解条件

　溶解温度が700℃以上になると溶湯の酸化が加速されるため、MDC1D（AZ91D）ではホットチャンバーマシンで630～650℃、コールドチャンバーマシンで670～700℃に設定されます。

図 3-1-20 | 大気中で燃焼するマグネシウムリボン

図 3-1-21 | ホットチャンバーマシンに付随した溶解保持炉

図 3-1-22 | コールドチャンバーマシン用の溶解保持炉

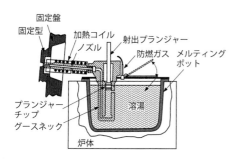
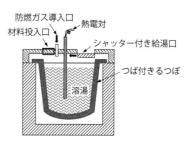

要点 ノート

マグネシウムは非常に活性な金属で、酸素や水と反応しやすい。特に溶解にあたっては厳重な注意が必要である。また、Fe、Ni、Cu などの不純物は耐食性を大きく損ねるので注意する。

2 鋳造作業の準備・段取りと実作業

プランジャーチップ潤滑剤と
離型剤の選定

❶プランジャーチップ潤滑剤

　プランジャーチップ潤滑剤（ホットチャンバーマシンでは使用しない）は、プランジャーチップが安定して摺動するために、毎ショット塗布します。プランジャーチップ潤滑剤は、**表3-2-1**に示すような種類があり、油性潤滑剤と水溶性潤滑剤があります。

　油性潤滑剤は、射出スリーブの給湯口からスリーブ内または射出スリーブから外に出たプランジャーチップ面に滴下して塗布します。水溶性潤滑剤は、スリーブ手前でエアーと潤滑剤をミキシングしてスリーブ内にスプレー塗布します。チップ潤滑剤の塗布量が多いと、スリーブに注湯した溶湯内に潤滑剤や気化したガスが混入して、湯じわ、ガス欠陥、変色などの原因になったりすることがあるので必要最小限にとどめることが大切です。

❶離型剤

　金型への離型剤塗布は、必要不可欠な工程の1つです。離型剤は、ダイカスト金型に塗布することでその表面に皮膜を形成し、金型キャビティに射出・充填された溶融合金と金型が直接に接触することを妨げ、焼付きや型侵食を防止することと、ダイカストを金型から離型する際の離型抵抗を低減することが主な役割・機能です。

　離型剤には**表3-2-2**に示すような種類があります。油性、水溶性、その他（粉体）などがあります。現在広く使用されている離型剤は水溶性離型剤で、エマルジョンタイプ、ディスパージョンタイプ、無機コロイダルタイプに分かれます。

　エマルジョンタイプの離型剤は、アルミニウム合金ダイカストでもっとも多く使用されており、鉱物油、油脂、ワックス、シリコンオイルを用途に応じて組み合わせています。鉱物油、油脂は低温域での付着・潤滑性、ワックスは低～中温域での付着・潤滑性、シリコンオイルは高温域での付着・耐熱性にそれぞれ作用しています。また、上記添加剤成分を乳化させるために界面活性剤が添加されています。

　ディスパージョンタイプの離型剤は、エマルジョンタイプ離型剤に黒鉛など

第3章 鋳造作業の実際

の無機粉体を添加したもので、耐熱性・潤滑性に優れ、離型効果、耐焼付き効果が要求される場合に使用します。

　無機コロイダルタイプは黒鉛、マイカ、タルクなどの固体潤滑剤を分散させたもので、断熱・保温性に優れており、層流ダイカストやスクイズダイカストなどの低速射出ダイカストの生産に適しています。

表 3-2-1　プランジャーチップ潤滑剤の種類

分類	種類		成分	用途・特徴
油性	白色系		鉱物・植物油、白色系固体潤滑剤	貯蔵安定性が悪い
	黒色系		鉱物・植物油、黒鉛	潤滑性良好、大型ダイカストマシン用
水溶性	O/W型 (oil in water)	白色系	鉱物・植物・ワックス、界面活性剤	中・小型ダイカストマシン用 発火の危険性回避
		黒色系	鉱物・植物・ワックス、黒鉛、界面活性剤	中・小型ダイカストマシン用 発火の危険性回避
	W/O型 (water in oil)		鉱物・植物・ワックス、界面活性剤	油分量が多い、大型ダイカストマシン用
固形	粉体		ワックス、パラフィン、ポリエチレン、タルク、黒鉛	小〜中型ダイカストマシン用 断熱効果
	顆粒状		ワックス、パラフィン、ポリエチレン	粒径が0.1〜1 mm

表 3-2-2　離型剤の種類と用途・特徴

分類	種類	成分	用途・特徴
油性	油性離型剤	鉱物・植物・合成油、高分子化合物	主に亜鉛合金に使用、灯油などで希釈
	油性＋固体潤滑剤	鉱物・植物・合成油、高分子化合物、固体潤滑剤（アルミニウム粉末、黒鉛など）	焼付き防止、捨打ち時に使用
	原液塗布油性離型剤	シリコンオイル、鉱物・植物油、添加剤	原液の極少量塗布によりサイクルタイムの短縮、製品品質が向上
水溶性	エマルジョンタイプ	鉱物・植物・合成油、高分子化合物、シリコンオイル、界面活性剤、水	アルミニウムダイカストで一般的に使用
	ディスパージョンタイプ	鉱物・植物・合成油、高分子化合物、シリコンオイル、界面活性剤、固体潤滑剤（黒鉛など）、水	離型効果、耐焼付き効果が特に必要な場合に使用
	無機コロイダル	固体潤滑剤（黒鉛、窒化ほう素、マイカ、タルクなど）、分散剤、水	層流充填・スクイズダイカストなどに使用
その他	粉体離型剤	固体潤滑剤（マイカ、タルクなど）、ワックス	金型を閉じたまま粉末状の離型剤を塗布、湯流れ性が向上

要点　ノート

ダイカストのプランジャーチップ潤滑剤、離型剤は連続的に安定して生産するためには必要不可欠である。適切な使用量にしないとダイカストの品質を損なったり、金型寿命を短くしたりする可能性があるので注意する。

103

【2 鋳造作業の準備・段取りと実作業

鋳造条件の設定①
（鋳込温度・金型温度・充填時間）

❶鋳造温度

　鋳造温度は、保持炉内の溶湯の温度で、鋳造方式、鋳造合金によって異なります。鋳造温度が低すぎると湯流れ性が阻害されて湯回り不良が発生します。ダイカストの湯流れ性は、一般的に流動長で評価されます。式（3-2-1）はM.C.Flemingsによって提案された流動長（L_f）の計算式です。

$$L_f = \frac{\rho \{c\,(\theta_c - \theta_L) + f_c\,H_f\}wS}{h\,(\theta_L - \theta_0)\,C} \qquad (3\text{-}2\text{-}1)$$

　ρ：溶湯の密度（kg/m³）、c：溶湯の比熱（kJ/(kg・℃)）、θ_c：キャビティ流入前の溶湯温度（℃）、θ_L：液相線温度（℃）、f_c：流動停止固相率、H_f：凝固潜熱（kJ/kg）、w：流速（m/s）、S：製品の断面積（m²）、h：溶湯／金型間の熱伝達係数（W/(m・℃)）、θ_0：金型温度（℃）、C：製品の周囲長（m）

　式（3-2-1）より流動長さは、θ_c＝鋳造温度とみなすと、**図3-2-1**の模式図に示すように鋳造温度に比例して長くなります。しかし、鋳造温度が高すぎると、溶湯の酸化が著しくなったり、金型の侵食が起こりやすくなったりするので注意が必要です。鋳造温度は、一般的にコールドチャンバーでは鋳造合金の液相線＋80〜100℃、ホットチャンバーでは＋20〜40℃が良いとされます。**表3-2-3**に代表的なダイカスト用合金の鋳造温度の例を示します。

❷金型温度

　金型温度は、型締直前のキャビティ表面の温度のことで、アルミニウム合金では一般的に150〜250℃を目安とします。120℃以下では離型剤が付着しなかったり、金型に水分が残りガス発生の原因となったりします。また、350℃を超えると焼付きを発生しやすくなるので注意が必要です。亜鉛合金では150〜220℃、マグネシウム合金の場合は湯流れ性を良くするため、220〜250℃と高めに設定します。式（3-2-1）より流動長は、**図3-2-2**の模式図に示すように金型温度が高いほど長くなりますが、液相線温度θ_cとの差に反比例するので、金型温度が低い場合にはその影響は小さくなります。

❸充塡時間

充塡時間は、ゲートから射出された溶湯がオーバーフローを含めた金型キャビティを充塡する時間で、図3-2-3の模式図に示すように製品の肉厚が薄いほど短く設定します。製品肉厚から計算される許容充塡時間以内に充塡を完了することが要求されます。許容充塡時間の計算式は式（2-3-1）〜式（2-3-4）に示したようにさまざまな式が提案されています。許容充塡時間は、一般肉厚では20〜100 msが目安とされます。

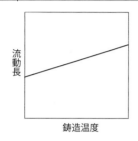

図 3-2-1 ｜ 鋳造温度と流動長の関係（模式図）

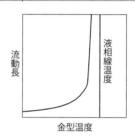

図 3-2-2 ｜ 金型温度と流動長の関係（模式図）

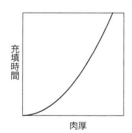

図 3-2-3 ｜ 製品肉厚と充塡時間の関係（模式図）

表 3-2-3 ｜ 代表的なダイカスト用合金の鋳造温度

(℃)

鋳造方式 \ 合金	ADC6	ADC12	ADC14	ZDC2	AZ91D
ホットチャンバーマシン	−	−	−	390〜420	630〜650
コールドチャンバーマシン	700〜730	640〜700	720〜740	400〜430	670〜700

> **要点　ノート**
> 鋳造を行う前に、鋳造条件の設定を行う。鋳造条件は製品の寸法・形状、使用合金、鋳造方式や鋳造方案などによって異なるので目安として設定し、試作時に製品の品質を見ながら調整を行う。

鋳造条件の設定②
(射出速度)

❶ダイカストマシンの射出

　ダイカストの射出は、図1-3-2（27ページ）に示したように、一般的に低速と高速の二段階で行われます。低速射出は、射出スリーブ内の空気を溶湯に巻き込まずにプランジャーチップを前進させる工程で、高速射出は短時間で金型キャビティに溶湯を充填する工程です。高速射出過程において、溶湯が狭いゲートを通過する時に抵抗がかかるため圧力が発生します。この時の圧力を「溶湯充填圧力」と言います。充填完了して射出プランジャーが停止すると同時に、溶湯や射出プランジャーなどの質量による慣性で、油圧回路中に瞬間的に高い圧力が発生することがあり、これを「サージ圧」と言います。充填完了後に充填時の圧力よりも高い圧力（増圧）をかけます。鋳造圧力はこの増圧時の圧力のことです。

❷低速射出速度

　低速射出速度は、遅すぎると射出スリーブ内での溶湯凝固が進み、破断チル層などが発生しやすくなり、速すぎると射出スリーブ内の空気を巻き込んでブローホールの原因となります。低速射出速度の目安として式（3-2-2）が提案されています。

$$v_{ps} = \frac{0.7\sqrt{D_p}}{f_s} \qquad (3\text{-}2\text{-}2)$$

　v_{ps}：低速速度（m/s）、D_p：プランジャーチップ径（mm）、f_s：スリーブ充填率（%）

❸低速−高速切り換え

　低速から高速への切り替えは、通常は溶湯がゲートに達した時点で行われます。射出プランジャーが高速で移動する距離を高速区間と言い、式（3-2-3）で示されます。ホットチャンバーでは通常、高速のみで射出されます。

$$L_0 = \frac{V_f}{A_p} = \frac{W_f}{\rho \cdot A_p} \qquad (3\text{-}2\text{-}3)$$

　L_0：高速区間（m）、V_f：ゲート通過後の充填体積（m³）、W_f：充填質量（kg）、ρ：溶湯の密度（kg/m³）、A_p：プランジャーチップ断面積（m²）

❹高速射出速度およびゲート速度

　高速射出速度は、許容充填時間から設定されます。高速射出速度が遅すぎると充填不良を発生し、速すぎるとゲート部や金型キャビティの侵食が起こりやすくなります。高速射出速度は式（3-2-4）で示されます。

$$v_{bf} = \frac{V_f}{A_p \cdot t_f} \quad (3\text{-}2\text{-}4)$$

　v_{bf}：高速射出速度（m/s）、t_f：許容充填時間（s）

　ゲート速度は、高速充填時にゲートを通過する溶湯の速度で、式（3-2-5）で設定されます。ダイカストの品質に大きく影響します。

$$v_g = \frac{A_p}{A_g} \cdot v_{bf} \quad (3\text{-}2\text{-}5)$$

　v_g：ゲート速度（m/s）、A_g：ゲート断面積（m²）、v_{bf}：高速射出速度（m/s）

　式（3-2-1）より流動長さは、図3-2-4の模式図に示すようにゲート速度が速いほど長くなりますが、分母の熱伝達係数（h）が、流速の1/2乗に比例するので放物線となります。図3-2-5にドイツ計算尺解説書に示されている充填長さとゲート速度の関係を示します。充填長さ、製品肉厚を考慮してゲート速度を設定します。さらに第2章第3節で紹介したJ値やP-Q²線図を参考に設定します。一般的には40～50 m/s位に設定しますが、60 m/s以上にすると焼付きや型侵食を招くので、それ以下に抑えると良いとされます。

| 図 3-2-4 | ゲート速度と流動長（模式図） |

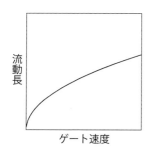

| 図 3-2-5 | 製品肉厚による充填長さとゲート速度の関係 |

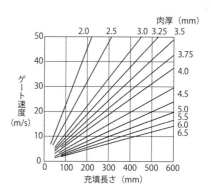

要点　ノート

　射出速度は、低速・高速の二段射出が多く採用される。ガス量、湯流れ性などの製品品質や焼付きや型侵食などの金型寿命に影響するため、事前に検討して設定するが、現場での変更が容易にできるので製品品質を見ながら調整する。

❬2 鋳造作業の準備・段取りと実作業

鋳造条件の設定③
(鋳造圧力・キュアリングタイム・サイクルタイム)

❶鋳造圧力（増圧）

　鋳造圧力は、キャビティに溶湯を充填完了後に射出プランジャーから付加される圧力です。鋳造圧力が高いほど鋳巣の発生が抑制されますが、高すぎると鋳バリや寸法不良を発生します。また、低すぎると充填不良や鋳巣などを発生しやすくなります。コールドチャンバーでは通常は40〜80MPa、ホットチャンバーでは10〜20MPaを目安とします。

　図3-2-6に、ADC10合金のASTM引張試験片を用いて測定した引張特性に及ぼす鋳造圧力の影響を示します。引張強さおよび破断伸びは、鋳造圧力が50MPa以下になると低下します。

　図3-2-7にキャビティ内に伝達される鋳造圧力の模式図を示します。鋳造圧力は最大の圧力に達した後に一定に保たれ、その後減少します。もっとも高い圧力を「最大溶湯圧力」、一定に保たれている時間を「圧力伝達時間」と言います。圧力伝達時間は、ゲートが凝固して閉じるまでの時間で、この間はキャビティに圧力が有効に伝達されています。ゲートが厚いほどこの時間が長くなり、内部品質が良好になります。

❷キュアリングタイム

　金型キャビティの溶湯が凝固し、取り出し可能な温度までダイカストが冷却するまでの時間を「キュアリングタイム」と言います。キュアリングタイムは経験的に式（3-2-6）で示されます。

$$t_r = A \cdot x \tag{3-2-6}$$

　t_r：キュアリングタイム（s）、A：係数、x：一般肉厚（mm）

　図3-2-8に製品肉厚とキュアリングタイムの関係の例を示します。係数Aは、ダイカストマシンサイズで異なり、350t以下では1.5、500〜850tでは3、1000t以上では5程度が目安となります。

❸サイクルタイム

　金型清掃、離型剤塗布、型締、注湯、射出、キュアリング、型開き、製品取り出しまでの一連の鋳造動作を「サイクルタイム」と言います。サイクルタイムは、経験的に式（3-2-7）で示されます。

$$t_c = \sqrt{A \cdot F} \qquad (3\text{-}2\text{-}7)$$

t_c：サイクルタイム（s）、A：係数、F：ダイカストマシンの型締力（t）

　図3-2-9に亜鉛合金ダイカスト（ホットチャンバーマシン）とアルミニウム合金ダイカスト（コールドチャンバーマシン）のマシンサイズとサイクルタイムの例を示します。Aの値は、ホットチャンバーマシン2程度、コールドチャンバーマシン4程度が目安とされます。

図 3-2-6　引張特性に及ぼす鋳造圧力の影響

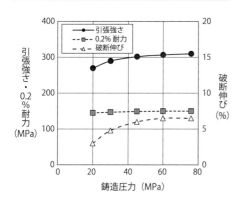

図 3-2-7　鋳造圧力波形（模式図）

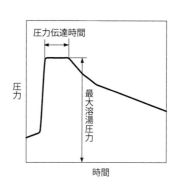

図 3-2-8　肉厚とキュアリングタイムの関係

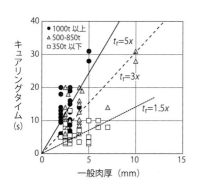

図 3-2-9　マシンサイズとサイクルタイムの関係

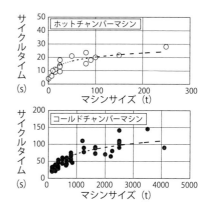

要点 ノート

充填完了後に増圧によって金型キャビティに鋳造圧力が伝達される。鋳造圧力は、ダイカストの内部品質に大きく影響する。キュアリングタイムは、製品肉厚やビスケット厚さ、サイクルタイムはマシンサイズ、鋳造法によって異なる。

鋳造作業①
（金型清掃、離型剤・チップ潤滑剤塗布）

ダイカストの鋳造作業は、一般的に**図3-2-10**の工程で行われます。

❶金型の清掃

金型には、金型分割面、引抜中子摺動面、エアベントなどに鋳バリやゴミなどの付着や離型剤の残渣が堆積することがあります。そのまま型締をすると十分に金型が閉まらずに金型の故障の原因となったり、製品の寸法精度を低下させたり、鋳バリが製品内に入り込んだりします。それを防止するためには、製品を取り出した後、エアブローで鋳バリなどを吹き飛ばしたり必要に応じてブラシなどで除去したりします。

❷離型剤・チップ潤滑剤の塗布

離型剤の塗布方法は、**表3-2-4**に示すようにハンドスプレー方式と自動スプレー方式に分類されます。ハンドスプレー方式は、設備が簡単で自在に離型剤を塗布できますが、サイクルタイムの延長やオペレータの技能に依存するという問題があります。自動スプレーには、スプレーノズルを金型に固定して塗布する固定スプレー方式と、スプレーノズルをカセットに取り付けた方式やロボットに取り付けた移動式スプレーがあります。

固定式スプレーは、**図3-2-11**に示すように可動型・固定型あるいは可動盤・固定盤に取り付けて、離型剤を塗布します。小型のダイカストマシンなどで多く用いられています。

カセット式スプレーは、図1-3-13（37ページ）のように銅パイプをカセットに取りつける方式や、**図3-2-12**のように複数のスプレーガンとエアーブローノズルを取り付けたスプレーヘッドを、スプレー時に金型の間に移動させる方式などあります。

最近ではロボットをスプレーマニホールドの駆動に使用するケースが増えつつあります。この方法には、短軸ロボットや6軸ロボットなどが用いられます。

チップ潤滑剤には、表3-2-1に示したように油性と水溶性があり、油性は射出スリーブから外に出たチップ面に滴下するもので、水溶性はスリーブ内にスプレー塗布します。一般的には図1-3-14（37ページ）に示したようなチップ潤滑剤の塗布装置が用いられます。

離型剤やチップ潤滑剤は、溶湯内に混入してガス欠陥の原因になるので、必要最小限に留めます。

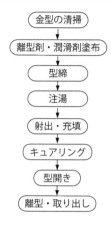

図 3-2-10 一般的なダイカストの鋳造作業工程

表 3-2-4 離型剤の塗布方式

方式		メリット	デメリット
手動	ハンドスプレー	・設備が簡易 ・必要な箇所に必要な量塗布可能	・サイクルタイムが長い ・熟練を要する
自動	固定スプレー	・設備が簡易 ・スプレー時間が短い ・小さな金型に適する	・必要な箇所に必要な量塗布できない
	カセット式スプレー	・金型全体にスプレーできる ・スプレー時間が短い ・段取りに時間がかかる	・大量塗布による不要箇所へのスプレーがある ・金型への堆積が多い ・段取り時間が長い
	ロボット式スプレー	・必要な箇所に必要な量塗布可能 ・金型の形状に沿った塗布ができる ・段取り時間を短縮できる	・サイクルタイムが長い ・ノズルつまりが発生しやすい ・高度な技術が必要

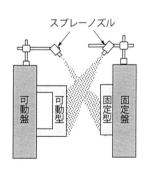

図 3-2-11 固定式スプレーの模式図

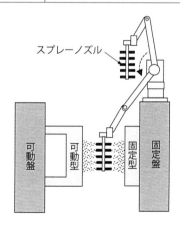

図 3-2-12 カセット式スプレーの模式図

要点 ノート

金型を閉じる前に、金型の清掃を行って金型表面を清浄な状態にしてから離型剤を適量塗布する。また、プランジャーチップの摺動をスムーズにするためチップ潤滑剤を塗布する。いずれも過剰塗布は避ける。

《2》鋳造作業の準備・段取りと実作業

鋳造作業②
(型締、注湯、射出)

❶型締

　型締にあたっては、型分割面、引抜中子摺動面、エアベントなどに鋳バリやゴミなどの付着がないことを確認します。金型は使用中に温度が上昇して熱膨張して型締ができなくなることがあるので、金型取り付け時には型締力を80％程度に調整し、金型温度が安定した時の型締力を確認する必要があります。

❷注湯

　ダイカストマシンへの溶湯の注湯は、図1-3-15（37ページ）に示したような自動給湯装置で行うことが一般的です。コールドチャンバーマシンでは、溶湯を保持炉から射出スリーブに注湯する工程が必要ですが、ホットチャンバーマシンでは射出部が溶湯中に浸漬されているので注湯作業は不要です。

　コールドチャンバーマシンでは、射出スリーブの温度は150〜200℃程度で、注湯開始から射出開始までの時間（ショットタイムラグ）が長くなると、射出スリーブ内での溶湯温度が低下して破断チル層を生成したり、湯回り性を悪化させたりするので、給湯口から溶湯が飛び出さないように注意しながらできるだけ速めに注湯します。また、給湯口から高く離れた位置で注湯すると溶湯が飛散して酸化したり、空気を巻き込んだりするので、できるだけ給湯口に近くの低い位置から静かに注湯します。

❸射出

　射出スリーブに注湯された溶湯は、プランジャーチップの前進により金型キャビティに射出・充填されます。コールドチャンバーマシンでは、一般的に図1-3-2（27ページ）に示したように射出速度は低速−高速の二段階で射出されます。充填完了後の増圧工程を含めて、三変化射出と呼ばれます。必要に応じて多段射出が行われることがあります。なお、ホットチャンバーマシンでは、射出前に射出スリーブ内に溶湯が満たされているため、一般的に高速一段で射出されます。

　図3-2-13にコールドチャンバーマシンの射出波形と射出ストロークの関係を示します。

112

低速での射出は、射出スリーブ内、ランナー内の残留空気を金型の外に排気して、製品内に巻き込まれることを防止するために行われます。一方、高速での充填は、金型キャビティを流動中の溶湯の温度低下を防止してキャビティを溶湯が完全に充満するように、できる限り短時間（許容充填時間以内）に充填を行います。

　低速−高速の切り替えは、溶湯がゲートにさしかかった時点で切り替えることが基本ですが、薄肉製品は湯回り性を良くするためランナー内で切り換え、厚肉製品で鋳巣を低減する場合は製品内で切り換える場合があります。給湯量がばらつくとゲートの前後で高速に切り替えることになります。ゲートより手前で切り替わると、ゲート通過時にガスの巻き込みが発生したり、低速でゲートを通過してから高速に切り換えると、流入した溶湯が凝固して未充填などの湯回り不良を発生することがあります。したがって、給湯量精度に留意して管理することが大切です。

図 3-2-13　コールドチャンバーマシンの射出波形と射出ストローク

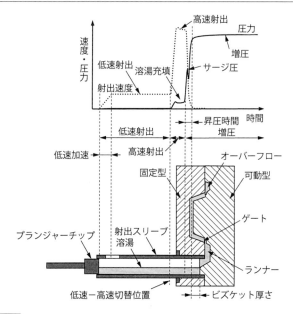

要点／ノート

離型剤・チップ潤滑剤を塗布したら型締をして、射出スリーブに溶湯を注湯する。ホットチャンバーでは注湯動作は不要である。注湯が完了したらプランジャーを前進させて、金型キャビティに射出・充填する。

【2】 鋳造作業の準備・段取りと実作業

鋳造作業③
（増圧、キュアリング）

❶増圧

　溶湯の充填が完了すると、金型キャビティで生成する鋳巣を減少させるために増圧を行います。増圧が最大圧力に達するまでには若干の時間がかかります。これを「昇圧時間」と言います。昇圧時間が短い方が鋳巣の低減には効果がありますが、あまり速すぎると鋳バリの発生を助長することになります。一般的には10～30 msの範囲が良いとされていますが、製品ごとに適切な昇圧時間を設定する必要があります。製品の状態を見ながら調整します。

　増圧には、増圧ピストン（増圧器内蔵）方式、増圧アキュムレーター方式、ランアラウンド方式などがあります。図3-2-14に増圧ピストン（増圧器内蔵）方式の模式図を示します。増圧による圧力は、式（3-2-8）で示されるように射出シリンダーの前進が停止した時点で、増圧シリンダーに圧力P_1を加えると射出シリンダー内には増圧ピストン（断面積A_1）と射出ピストン（断面積A_2）の面積比に応じた高い圧力P_2が発生することで得られます。P_1とP_2の比を「増圧比（$=P_2/P_1=A_1/A_2$）」と言います。

$$P_2 = P_1\frac{A_1}{A_2} \tag{3-2-8}$$

❷キュアリング

　射出が完了すると、金型キャビティの溶湯が凝固し、取り出し可能な温度までダイカストが冷却するまで金型を閉じたままにします。これを「キュアリング」と言い、その時間を「キュアリングタイム」と言います。チルタイムやダイタイムなどと呼ばれることもあります。キュアリングタイムは、鋳造合金の種類、製品の形状、大きさ、肉厚などによって異なります。

　キュアリングタイムが短かすぎると、ビスケットやランナーなどの厚肉部の未凝固の溶湯が内部に閉じ込められたガスの膨張により飛び出したり、製品の温度が高いため強度が低く、押し出しで変形したりします。図3-2-15にADC10あるいはADC12合金ダイカストの高温強度の一例を示します。ADC10、12合金ダイカストの引張強さは室温では250～300 MPa程度ありますが、温度の上昇とともに急激に低下し、300℃では150 MPa以下に、500℃

ではほとんど0になります。

一方、キュアリングタイムが長すぎると、製品の温度が低下して熱収縮が大きくなり引抜中子が抜けなくなったり、製品を押出しにくくなったりします。また、製品の破損にもつながることがあります。図3-2-16にADC12合金の押出力とキュアリングタイムの関係を示します。キュアリングタイムが長くなるほど押出力が高くなる傾向にあります。したがって、キュアリングタイムの設定はこれらの不具合が発生しない範囲でできるだけ短い方が良いとされます。

図 3-2-14 増圧ピストン（増圧器内蔵）方式の模式図

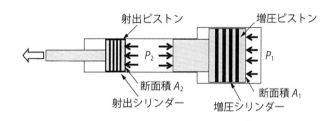

図 3-2-15 ADC10 あるいは ADC12 合金ダイカストの高温強度

図 3-2-16 ADC12 合金の押出力とキュアリングタイムの関係

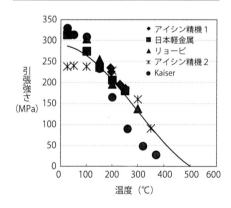

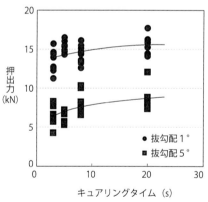

（出典：（一社）日本ダイカスト協会「ダイカストの離型に関する調査研究」(1999)）

（出典：（一社）日本ダイカスト協会「ダイカストの離型に関する調査研究」(1999)）

要点／ノート

充填完了後の増圧は、ゲートからの押湯を有効に働かせるために充填圧力より高い圧力を付加する。キュアリングタイムは、製品の離型力が大きくなるので過度に長く設定しない。

《2》鋳造作業の準備・段取りと実作業

鋳造作業④
（型開き、離型、製品取出し）

❶型開き

　設定したキュアリングタイムが経過すると、金型は自動的に開かれます。コールドチャンバーマシンでは、製品が固定型に残らないようにプランジャーチップを固定盤からある程度の距離を可動型にビスケットを押すために前進させます。この距離を「チップ突出寸法」と言います。

❷離型・押出し

　金型が開くと、引抜中子がある場合は製品から中子が引き抜かれ、つづけて製品が押出装置により可動型から押し出されます。固定型に引抜中子がある場合は、金型が開く前に中子を引き抜く場合があります。

　中子の引き抜きは、アプラーや傾斜ピンなどで動作させ行います。

　押出方式には、油圧式とバンパー式があります。油圧式は、一般的に用いられる方式で**図3-2-17**に示すようにダイカストマシンから油圧シリンダーに供給された油圧により押し出しを行う方法です。バンパー式は、**図3-2-18**に示すように型開きの動作を利用して押出板を押して製品を押し出す方式で、小型のダイカストマシンに使用されます。

　製品から中子を引き抜く時の力を「引抜力」、製品を可動型から押し出す力を「押出力」と言います。両者を合わせて「離型力」と言います。離型力は、第2章第4節で紹介した式（2-4-8）〜式（2-4-12）で求めることができます。

　図3-2-19にZDC2の離型力実測値と計算により求めた離型力を示します。製品形状および製品の外観を**図3-2-20**に示します。合金の高温強度〔σ_t(MPa)〕は、式（3-2-9）から求めました。Tは製品温度（℃）です。製品の取出し温度200℃、摩擦係数は0.08としました。離型力は、抜勾配が大きくなるほど小さくなります。また、計算値と実測値はほぼ一致しています。

$$\sigma_t = 362 - 1.79 \times T + 7 \times \left(\frac{T}{100}\right)^2 + 4 \times \left(\frac{T}{100}\right)^3 \tag{3-2-9}$$

❸製品取出し

　可動型から押し出された製品は、図1-3-16（37ページ）に示したような自動製品取出装置や取出ロボットにより製品のビスケットをつかみ取り出します。

図 3-2-17 | 油圧押出の押出機構

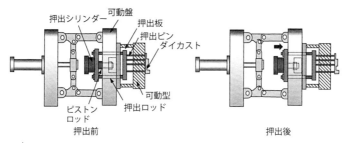

押出前　　　　　　　　　押出後

図 3-2-18 | バンパー押出の押出機構

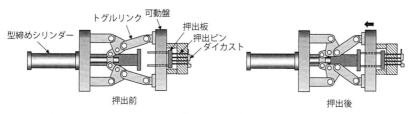

押出前　　　　　　　　　押出後

図 3-2-19 | 亜鉛合金ダイカストの離型力と抜勾配

図 3-2-20 | 亜鉛合金ダイカストの離型力測定試験片

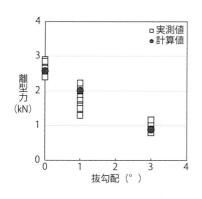

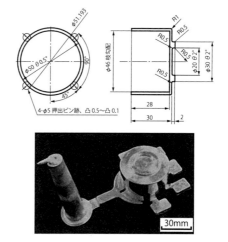

(出典：(一社) 日本ダイカスト協会「環境対応型亜鉛合金ダイカストの調査研究」(2013))

(出典：(一社) 日本ダイカスト協会「環境対応型亜鉛合金ダイカストの調査研究」(2013))

要点 ノート

製品が凝固・冷却されると金型を開き、引抜中子を引き抜いたり、押出装置によりダイカストを金型から押し出す。引抜力や押出力を離型力と言い、ある程度計算で予測することができる。

【3】 後処理作業

トリミングと鋳バリ取り作業

❶トリミング

　金型から取り出されたダイカストは、鋳造方案で示した製品以外のビスケット、ランナー、オーバーフロー、エアベント（荒バリ、大バリなどと呼ばれます）など製品以外の部分を除去する必要があります。これを「トリミング」と言います。

　荒バリの除去方法としては、手作業による方法と機械による方法があります。手作業によるトリミングには木製ハンマーが用いられます。

　機械によるトリミングには、主にプレス機が使用されます。現在では、多くの製品のトリミングにプレス機が利用されています。プレス機には、人力プレス、機械プレス、油圧プレスなどがあります。**表3-3-1**にそれぞれの特長を示します。これらは、製品の大きさ、形状、生産規模によって選択して使用されます。

　プレス型は、剪断によりランナー部などを打ち抜くもので、**図3-3-1**に示すような打抜型や上型はね出し型、下型はね出し型、組み合わせ型などがあります。

❷鋳バリ取り

　金型分割面、中子の合わせ面、押出ピンや鋳抜きピンに発生する薄い鋳バリを除去することを「鋳バリ取り作業」と言い、手作業による方法と機械による方法があります。

　手作業による方法には、やすり、スクレーパーなどを用います。エアー工具や電動工具などのハンドツールを使用することで作業を効率的に行えますが、削り過ぎや製品部を傷つけないように注意が必要です。

　機械による鋳バリ取り方法には、バレル研磨、ショットブラストなどがあります。バレル研磨による鋳バリ取り作業は、**図3-3-2**に示すようにメディア（研磨剤）、コンパウンド（無機塩、有機塩、アミン、界面活性剤など）を研磨剤として被加工物とともにバレルの中に入れ、バレルを回転または振動させて研磨剤と被加工物との接触抵抗により研磨する方法です。ショットブラストによる鋳バリ取り作業は、**図3-3-3**に示すようにメディア（研磨剤）を高速に回

転するインペラーにより被加工物に投射して、その運動エネルギーで鋳バリを除去する方法です。メディアには、亜鉛ショット、ステンレスカットワイヤ、スチールショットなどがあげられます。最近ではロボット用いたバリ取りも行われています。

表 3-3-1 プレスの種類と特徴

プレスの種類	価格	プレス速度	プレス力	製品の大きさ
人力プレス	安い	遅い	小さい	小物
機械プレス	人力プレスより高い	速い	大きい	中物
油圧プレス	機械プレスより高い	機械プレスより遅いが自由に選択	自由に選択	大物

図 3-3-1 打抜型によるトリミングプレス

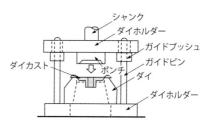

図 3-3-2 バレル研磨による鋳バリ取り

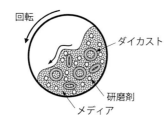

(写真提供:新東工業㈱)

図 3-3-3 ショットブラストによる鋳バリ取り

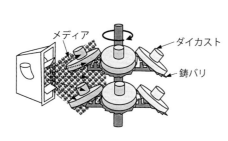

(写真提供:新東工業㈱)

要点 ノート

ダイカストマシンから取り出されたダイカストには、ビスケットやランナーなどの鋳造方案部やパーティング面に発生した鋳バリなどの製品以外の部分があるので、取り除く工程が必要となる。

《3》 後処理作業

ひずみ取り作業と熱処理作業

❶ひずみ取り作業

　ダイカストは、冷却時の熱収縮による変形、押出しバランスの不良、鋳造作業のばらつき、取扱い上の問題、プレス作業時などに、変形が生ずることがあります。変形が生じたものは、そのまま使用すると機械加工する時に取り付けに問題を生じ、あるいは機械加工後に製品取り付けクランプをはずすと、スプリングバックにより寸法が仕上がり寸法と異なってしまいます。そこで、製品に生じたこれらの変形は、ひずみ取り作業を行い使用上問題ないようにします。ひずみ取り作業は、適当な治具や測定具を用意して木製ハンマーによる手作業での修正や油圧プレスなどにより修正します。

❷熱処理

（a）アルミニウム合金の熱処理

　アルミニウム合金ダイカストの熱処理は、時効硬化による強度向上、寸法の安定化などを目的に行われます。**表3-3-2**に熱処理の種類とADC12合金ダイカストの処理条件の例を示します。

　普通ダイカストでは、高速・高圧で溶湯を金型キャビティに充填するため、製品内への空気の巻き込みなどに伴う欠陥でガス含有量が多くなり、470～500℃前後の高温での溶体化処理を伴うT4、T6、T7熱処理は、膨れや変形が発生するため適用できません。しかし、第4章第3節で紹介する製品内部のガス欠陥を著しく減少させる高真空ダイカストやPFダイカスト、スクイズダイカストなどを適用すると、製品内のガス含有量が少ない高品質なダイカストが得られ、強度向上や延性・靭性向上を目的とした熱処理が可能です。

　ダイカストした後で人工時効処理を行うT5処理は、溶体化処理を伴わないので普通ダイカストでも可能です。ADC12のT5処理の例では、硬さ上昇の目的の場合は160～180℃で3～6時間、寸法安定化処理の場合は200～250℃で2～4時間の人工時効処理を行います。**表3-3-3**に熱処理による機械的特性の改善例を示します。

（b）亜鉛合金ダイカストの安定化処理

　亜鉛合金ダイカストは、ダイカストした後に長時間室温に保持していると結

晶組織内でわずかずつ組織変化が進行して、ひずみが発生したり、機械的性質が変化したりします。この過程で図3-3-4に示すように収縮します。寸法変化は鋳造直後に大きく起こり、その後変化は小さくなります。この寸法変化を嫌う製品にでは安定化処理を行います。安定化処理は、100℃で3～6時間、85℃で5～10時間、70℃で10～20時間が目安となります。安定化処理を行うことで、図3-3-4に示すように寸法変化を大幅に抑えることができます。

表 3-3-2　アルミニウム合金ダイカストの熱処理

記号	記号の意味	目的	ADC12における熱処理条件の例 溶体化処理	ADC12における熱処理条件の例 時効硬化処理
F	鋳造のまま	−	−	−
T2	焼なましのまま	寸法の安定化 残留応力の除去 伸びの増加	−	（焼きなまし） 300～350℃×2～4hr
T4	溶体化処理後、自然時効したもの	靭性向上 耐食性改善	470～500℃×2～3hr →水冷	−
T5	人工時効のみ行ったもの	硬さ向上 (T6より低い)	−	160～180℃×3～6hr
T5		寸法の安定化	−	200～250℃×2～4hr
T6	溶体化処理後、人工時効したもの	強度上昇 硬さ向上	470～500℃×2～3hr →水冷	160～180℃×3～6hr
T7	溶体化処理後、安定化処理したもの	寸法の安定化 耐食性改善 T6より靭性高い	470～500℃×2～3hr →水冷	200～250℃×2～6hr

（出典：(一社)日本ダイカスト協会「ダイカストの標準 DCS P1 アルミニウム合金ダイカスト〈作業編〉」(2005)）

表 3-3-3　アルミニウム合金ダイカストの熱処理事例

合金	熱処理記号	引張強さ(MPa)	0.2%耐力(MPa)	破断伸び(%)	備考
ADC12	F	212	131	1.7	普通ダイカスト
ADC12	T5	233	159	1.5	普通ダイカスト
ADC12	T6	350	260	2	PFダイカスト
ADC3相当	F	167	117	4.5	PFダイカスト
ADC3相当	T6	280	230	8.5	PFダイカスト
AC4CH相当	T6	320	175	17	高真空ダイカスト
AC4CH	T6	320	260	17	層流充填ダイカスト

図 3-3-4　ZDC1、ZDC2の経年寸法変化の安定化処理の影響

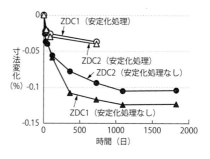

> **要点 ノート**
> ダイカストは、鋳造の過程でさまざまなひずみを発生するので、ひずみ取り作業を行うことがある。また、ダイカストは、通常は鋳放しのままで使用するが、寸法の安定性や強度を向上させるために熱処理が行われることがある。

【3 後処理作業

機械加工作業

❶機械加工

ダイカストは、寸法精度に優れているので機械加工しないで使用されることが多いのですが、図3-3-5に示すように精度の要求される部品取付面、Oリング溝、ねじ立てなどは機械加工することがあります。

アルミニウム合金ダイカストは、切削性が良く高速切削が採用されますが、切削の際に工具の刃先に図3-3-6のような構成刃先が生じて切れなくなるので注意が必要です。それを避けるために、すくい角を大きく（30°以上）したり、切削速度を大きく（400 m/min以上）すると良いと言われています。また、すくい面、逃げ面をよく研磨しておくことも大切です。

亜鉛合金ダイカストは、硬さが低く構成刃先ができないので切削性に優れています。また、マグネシウム合金ダイカストも同様に切削性に優れていますが、加工時に発生する微粉や切粉は燃えやすく、場合によっては自然発火することがあるので、保管容器、保管場所に注意が必要です。

ダイカストの表面層は、組織の緻密なチル層が形成されていますが、削り代を大きくしすぎると内部の鋳巣などの欠陥が露出して、表面処理性や耐圧性に支障をきたすことがあるので、削り代はできる限り少なく設定します。小さすぎると鋳肌のままの未加工部（黒皮残り）が出てしまいます。削り代は、0.25～0.8 mm程度とすることが望ましいとされます。削り代は、JIS B 0403：1995に規定されています。

ダイカスト内部にハードスポット、偏析、酸化物などが介在すると刃先が損傷することがあるので溶解、鋳造作業においては溶湯の清浄度に留意します。特に、図3-3-7に示すような、マグネシウム合金ダイカストのハードスポットは、加工中に火花を発生するので厳重な注意が必要です。

ダイカストの機械加工にあたっては、事前に製品設計において加工基準面を設定しておくことが必要です。加工基準面は、基準面全体が同一金型で形成されていると安定な品質が得られ、治具に固定する際に変形しにくく、さらに重要寸法指定部位の近傍に選びます。また、ゲート部や金型の抜勾配があるところ、押出ピンのあるところは避ける必要があります。場合によっては加工基準

122

面のための形状を付与し、機械加工で除去する方法もあります。

　ダイカストの機械加工には、フライス盤、旋盤、ボール盤、タッピング盤、ファインボーリング盤（精密中ぐり盤）、NC自動盤、マシニングセンターなどが用いられますが、最近では図3-3-8に示すようなマシニングセンターによる加工が主流になっています。また、大量に加工する場合には、生産性を高めるため専用機を製作して使用することがあります。

| 図3-3-5 | 機械加工した製品の例 | 図3-3-6 | 構成刃先の模式図 |

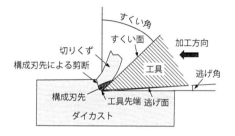

| 図3-3-7 | マグネシウム合金ダイカストのハードスポット | 図3-3-8 | ダイカストの加工に用いられるマシニングセンターの例 |

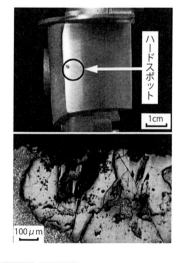

要点　ノート

ダイカストは必要に応じて機械加工されるが、削り代が大きすぎると内部の鋳巣が露出して品質を損なうので最小限に留める。ダイカスト用合金の種類によって加工条件が異なるので適切な条件を見いだす必要がある。

3 後処理作業

含浸処理作業

❶含浸処理とは

　ダイカスト内部には、微細な鋳巣、割れなどが発生することがあり、気体や液体の容器や圧力容器などに使用した場合に、液漏れや気密漏れの原因となることがあります。そのような微細な欠陥内に液状物質（含浸剤）を充填、固化させて圧漏れ経路を遮断する方法を「含浸処理」と言います。

　含浸処理は、素材での処理も行われることがありますが、一般的には機械加工によってダイカスト表面のチル層が除去されて内部の欠陥が露出しやすくなるため、機械加工後に行われます。

❷含浸剤の種類

　含浸剤には、表3-3-4に示すように無機系含浸剤と有機系含浸剤があります。無機系の含浸剤は素材の含浸処理に用いられることが多く、有機系の含浸剤は機械加工後の含浸処理に用いられます。無機系含浸剤は耐熱性に優れており600℃程度まで耐えられますが、有機系含浸剤は180℃程度の耐熱性です。

　封孔性能は有機系含浸剤が優れており、欠陥に含浸された樹脂はほぼ100％が硬化後に残る固形物として硬化するのに対し、無機系は約50％位の体積に収縮した固形分が残ると言われています。アルミニウム合金ダイカストの場合は、耐熱性に問題がない製品であれば有機系の含浸剤が主として用いられます。ダイカストを油脂類の容器として使用する場合には、油脂類と含浸液との相性を考慮して含浸液の選定を行う必要があります。

❷含浸処理方法

　含浸処理方法には、表3-3-5に示すような方法があります。ダイカストでは図3-3-9に示すような真空加圧含浸法が一般的に行われます。手順は以下の通りです。含浸処理を行う際には前処理として脱脂、洗浄、乾燥処理を行います。前処理を行ったダイカストを含浸容器に詰め込みます。ダイカスト内の鋳巣や割れなどに含浸液が浸入しやすいように、真空（減圧）にして漏れ経路の空気を取り出します。その後、含浸液を注入してダイカストを浸漬し、500～800kPaの空気圧を数分～十数分間加えて漏れ部に含浸液を浸透させます。その後、容器内の含浸液を排出し、ワークに付着した余分な含浸液の液切りをし

て除去回収します。さらに、ダイカストを十分に洗浄します。その後、室温あるいは加熱により含浸液を硬化させます。

表 3-3-4 含浸剤の種類と特徴

種類		特徴
無機系含浸剤	珪酸ソーダ系含浸剤	珪酸ソーダをバインダー成分として無機質の微粉体を分散。微粉体としては酸化鉄、アルミナや天然粘土化合物を使用
	複合珪酸塩系含浸剤	珪酸ソーダに無機ポリマーや他の珪酸塩を複合化。珪酸ソーダ単体に比べて硬化性向上
	コロイド分散系含浸剤	珪酸コロイドの水分散液をベースにした含浸液。短時間の加熱乾燥で安定化し、含浸後の吹き出し現象がない
有機系含浸剤	ジアリルフタレート樹脂	耐熱性に優れ重合収縮率も小さい。低粘度、高引火点、無臭などの利点があるが、重合硬化に長時間を要する欠点がある
	フェノール樹脂	比較的安価で、水溶性化でき、耐熱性に優れる利点があるが、フェノールを含んだ排水や加熱硬化時の臭気の欠点がある
	エポキシ樹脂	金属やセラミックスに対する接着性が良い。粘度が中～大で硬化時間が数十秒から数日であり、特殊含浸剤としての用途がある
	アクリル樹脂	種類も多く、熱重合、光重合、嫌気重合などの硬化方法がある。100℃以下で短時間で重合し、大量処理に向く

表 3-3-5 含浸処理方法の種類と特徴

種類	特徴
真空含浸法	減圧操作により、鋳巣欠陥などの気孔中の空気と含浸液との置換を容易にする方法。減圧後に含浸液に浸漬する方法と浸漬後に減圧する方法がある。空気と含浸液との置換に時間を要し、微細穴欠陥には不向き
加圧含浸法	ワークの漏れ箇所に含浸液を入れ、治具を使って一方から加圧し、含浸液を反対側ににじみ出させる方法。含浸タンクを必要とせず、大型製品の含浸に適する
真空加圧含浸法	ワークを容器に入れた後真空にし、漏れ経路の空気を抜き、ワークを含浸液に浸漬し、引き続いて含浸タンク内に 500 kPa～800 kPa の圧縮空気を導入し、数分～数十分加圧含浸する方法。微細穴欠陥や袋状穴欠陥の含浸が可能

図 3-3-9 真空加圧含浸法の工程図の例

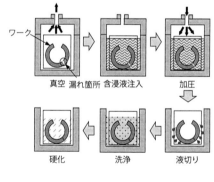

要点 ノート

ダイカスト内部に鋳巣や割れなどが発生して耐圧性に問題がある時は、救済処置として含浸処理が行われる。含浸処理は、無機系あるいは有機系の含浸剤をダイカスト内の空洞欠陥に充填し、圧漏れを防ぐ。

〈**3** 後処理作業

表面処理作業

❶表面処理とは

　ダイカストは、装飾性、耐食性、表面硬さを向上させるために表面処理をして使用される場合があり、**表3-3-6**に示すようなめっき、化成処理、陽極酸化、塗装などが行われます。**図3-3-10**は表面処理実施例です。ダイカストの表面処理をするには、鋳肌面あるいは鋳肌近傍に湯じわ、ふくれ、ピンホール、割れなどの表面欠陥の少ないこと、離型剤残渣のないことなどが重要です。

❷めっき

　めっきは、ワークの表面にさまざまな金属を、電気化学的に析出（電着）させる表面処理方法で、電気めっきと無電解めっきがあります。特に亜鉛合金ダイカストのめっきは、装飾性、耐食性、密着性にすぐれ、各種のめっきをして使用される製品が多くあります。亜鉛めっきの工程例を**図3-3-11**に示します。前工程として、金型分割面、鋳バリの跡などをバフ研磨により除去した後、固形油性研磨剤をバフに付けて鏡面にみがき研磨をします。めっき工程は、脱脂→活性化→銅ストライクめっきの前処理を行い、下地めっきとして銅めっきを行います。さらに耐食性と装飾性の優れたニッケルめっきを行い、クロムめっき、金めっき、銀めっき、黒クロムめっきなどの仕上げめっきを行います。アルミニウム合金の場合は、亜鉛酸塩浴で表面のAlとZnを置換して、この薄いZnの膜層に、亜鉛合金のめっきと同じ手順でめっきを行います。

❸化成処理

　化成処理は、製品表面に化学薬品によって強靱な皮膜を生成させ、耐食性や塗料の密着を良くする下地として使用されます。鋳肌の表面に、クロム酸亜鉛やリン酸亜鉛の皮膜を生成し、耐食性を向上させ、塗料や染料による着色の有効な下地に利用します。

❹陽極酸化処理

　陽極酸化処理は**図3-3-12**に示すように硫酸、しゅう酸などの溶液中でAlやMgなどの金属を陽極に、CやPbを陰極にして電流を流すことにより陽極の金属表面に強制的に酸化皮膜を形成する方法です。化成皮膜が$1 \sim 2\,\mu\mathrm{m}$の厚さであるのに対して、陽極酸化処理皮膜は流した電気量に比例して厚くなり、良

好な皮膜が形成できます。特にアルミニウム合金の陽極酸化処理はアルマイトと呼ばれています。

❺ 塗 装

ダイカストには、さまざまな塗装が行われますが、ダイカストは腐食しやすく、表面は滑らかなので塗料の密着性が良くありません。そのため、化成処理や、陽極酸化処理をして塗装すると、密着性や耐食性が良くなります。

表 3-3-6　ダイカストの表面処理法

表面処理の種類	目的	処理法
めっき	耐食性、耐摩耗性	電気めっき、無電解めっき
化成処理	塗装下地、耐食性、摺動特性	クロメート処理、ユニクロム処理、リン酸塩処理
陽極酸化処理	耐食性、耐摩耗性、着色	アルマイト処理
塗装	耐食性、装飾性	スプレー塗装、静電塗装、電着塗装、粉体塗装

図 3-3-10　ダイカストの表面処理の例

めっき（亜鉛合金）

化成処理（亜鉛合金）

陽極酸化処理（アルミニウム合金）

塗装（亜鉛合金）

図 3-3-11　亜鉛合金ダイカスト素材の一般的なめっき工程

素材の研磨
↓
予備洗浄
↓
浸漬脱脂
↓
電解脱脂
↓
弱酸浸漬
↓
シアン化銅ストライクめっき
↓
光沢銅めっき
↓
光沢ニッケルめっき
↓
仕上げめっき
↓
乾　燥

図 3-3-12　陽極酸化処理

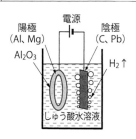

要点 ノート

ダイカストは素材のままで使用することが多いが、耐食性、装飾性、耐摩耗性などの表面の機能を向上させて付加価値を上げる目的で、めっき、化成処理、陽極酸化処理、塗装などの表面処理が行われることがある。

【3】後処理作業

ダイカストの検査作業

　ダイカストの品質がユーザーの要求仕様を満たしていることを保証するために、さまざまな検査が行われます。検査項目には、化学成分の検査、寸法検査、外観品質の検査、内部品質の検査、表面処理の検査などがあり、多くの検査方法がJISに規定されています。どのような検査方法を採用するかダイカストのユーザーと取り決めておく必要があります。

❶化学成分の検査

　ダイカストの特性は、化学成分の影響を受けるので有効元素の濃度や不純物の管理が必要です。ダイカストの原材料は、合金地金と工場内で発生したリターン材を配合して溶解するので、溶湯の化学組成がJISの規格値の範囲にあるか化学成分分析をする必要があります。

❷寸法検査

　寸法検査には、ノギス、キャリパー、マイクロメータなどの測定器具での測定、プローブ（鉄・セラミックなどの球体）を製品に触れて測定したり、レーザーや光を用いて測定したりする三次元測定器などがあります。

❸外観品質の検査

　外観品質の検査は、通常はユーザーと取り決めた限度見本を元に目視検査で行われます。300 lx（ルックス）以上の照明下において60 cm程度離して肉眼により行います。

❹表面処理の検査

　めっきの検査は、めっき加工の検査とバフ研磨の検査を総合的に目視によって検査する外観検査、塩水噴霧試験やキャス試験などの耐食性試験、めっきの厚さを測定するめっき厚試験などがあります。塗装の検査は、クロスカット法（JIS K 5600-5-6：1999）やプルオフ法（JIS K 5600-5-7：2114）などで行われます。

❺内部品質の検査

　内部品質の検査には、対象物を破壊せずに行う非破壊検査と、破壊して行う破壊検査があります。

（a）非破壊検査

第3章 鋳造作業の実際

　非破壊検査は、製品を切断したり破壊したりすることなく内部品質の検査を行うもので、抜取検査あるいは全数検査で行われます。**表3-3-7**に対象欠陥に応じた非破壊検査方法の例を示します。鋳巣の検査には、X線透過検査法、質量検査法、密度（比重）検査法などがあり、ダイカスト内部のブローホールやひけ巣などの空隙の多少を判断します。

（b）破壊検査

　破壊検査は、製品を切断したり破壊したりして内部品質の検査を行うもので抜取検査で行われます。**表3-3-8**に対象欠陥に応じた破壊検査方法の例を示します。破面検査は、製品を破壊させてその破面を肉眼、実体顕微鏡、走査型電子顕微鏡（SEM）を用いて観察します。試削り検査は、製品を旋盤やフライス盤で加工してその加工面を観察する方法です。ふくれ検査（ブリスター検査）は、アルミニウム合金ダイカストでは400〜500℃に加熱することで内部のブローホールやピンホールなどのガスが膨張してふくれ（ブリスター）を発生する状態を観察します。

表 3-3-7 │ 非破壊検査法の例

検査対象	検査方法	内　容
鋳巣	X線透過検査法	X線で透過してダイカスト内部の空隙の状況をみる
	質量検査法	製品の質量を測定して標準製品の質量と比較する
	密度（比重）検査法	密度（比重）を測定して親密度（真比重）と比較する
耐圧性	気泡検知法 （水没気泡目視）	被検査物内（ワーク）に圧縮空気を封入し、水中に浸漬するか、石鹸水を塗布して気泡を目視する
	差圧計法	圧力計法に対して、圧力計の代わりに差圧計を使用し、被検査物（ワーク）の漏れによる圧力降下を基準密閉容器との差圧として検出する方法

表 3-3-8 │ 破壊検査法の例

検査対象	検査方法	内　容
鋳巣、充填不良、介在物	破面検査	必要箇所を破断または切断して破面を観察する
	試削り検査	製品を旋盤などで加工して、加工面を観察する
ブローホール、ピンホール	ブリスター検査	加熱することにより表層に発生するブリスターを検出する
破断チル層、偏析	マクロ組織検査	製品の切断面を研磨後、エッチング液により腐食して、肉眼または低倍率に拡大して断面を観察する
ハードスポット、介在物、ミクロ組織	ミクロ組織検査	製品の切断面を鏡面研磨後、エッチング液により腐食して、顕微鏡（倍率100〜400倍）でミクロ組織、介在物などを観察する

要点 **ノート**

ダイカストがその製造工程において、定められた品質が確保できていることを保証するために、さまざまな検査が行われる。多くの試験・検査方法が JIS 規格に規定されており、その方法についてダイカストのユーザーと取り決める。

【3】後処理作業

機械的性質の検査

❶試験片による機械的性質の検査

　ダイカストの機械的性質の検査は、強度、延性、靭性、硬さ、疲労などの項目に関して行われます。ダイカストの機械的性質の主な試験方法の種類を**表3-3-9**に示します。

(a) 引張試験：引張試験は材料の応力とひずみの関係を調査するために行われる試験の中でもっとも一般的な方法です。**図3-3-13**に示すASTMの引張試験片や製品から切り出した平板試験片や丸棒試験片などを用いて試験が行われます。

(b) 衝撃試験：衝撃試験は、材料の靭性（粘さ）を評価するもので、衝撃によって試験片を打ち折った時に材料が吸収したエネルギーによって評価します。衝撃特性として用いられる指標は、衝撃値と吸収エネルギーです。

(c) 硬さ試験：硬さ試験は材料試験のうち、もっとも一般に広く用いられています。試験片の一部に荷重を与え、その時の材料の変形のしにくさ、あるいは傷のつきにくさを「硬さ」と言います。硬さ試験には、圧子の材質、形状、サイズ、荷重などによってさまざまな方法がありますが、その内ダイカストで一般的に使用される方法は、ロックウェル試験（BスケールもしくはFスケール）とマイクロビッカース試験です。

(d) 疲れ試験（疲労試験）：材料が引張・圧縮などの繰返し応力を受けると、通常の破壊応力よりも低い値で破壊に至る現象を「疲労」と言います。破壊の多くはこの疲労で起こると言われています。疲れ試験の方法には、引張・圧縮、回転曲げ、平面曲げなどがあります。疲れ試験の特性として用いられる指標は、疲れ強さと疲れ限度、時間強さです。疲れ強さは、ある一定の応力振幅以下では破壊が起こらない限界の応力ですが、非鉄金属では疲れ限度がないので、疲れ強さの代わりに10^6回または10^7回で破壊しない最大の応力振幅を「時間強さ」として用います。

(e) クリープ試験：クリープは、材料に一定の応力を加えたままにしておくと、経過時間とともにひずみが増大する現象のことです。高温環境下で材料が一定の負荷を受けると時間とともに塑性変形が進行します。この時間的変

化を求めるのがクリープ試験です。

❷実製品による機械的性質の検査

❶は試験片を用いた材質の評価試験ですが、実製品から試験片を切り出して試験（実体強度試験）するとばらつきが大きく出るため、実物で強度を評価することが行われます。試験には、静的負荷試験、衝撃負荷試験、疲れ試験（耐久試験）などがあります。これらの試験では実際に使われる状態を再現する境界条件と入力を設定することが重要です。

表 3-3-9 ダイカストの機械的性質の主な検査方法の種類

試験方法		評価項目	概略	JIS規格
引張試験		引張強さ、0.2％耐力、伸び、絞り	試験片に引張荷重を加え、破断するまでの荷重と変形の関係を調べる試験	JIS Z 2241:2011
衝撃試験	シャルピー衝撃試験	衝撃値、吸収エネルギー	角棒試験片を両持試験機に取り付け、衝撃荷重を加えて打ち折る	JIS Z 2242:2005
硬さ試験	ビッカース硬さ試験	硬さ	四角錐のダイヤモンド製圧子に荷重を加えて試験片に押しつけ、除荷後の圧痕の対角線を測定して硬さを求める。顕微鏡下で行う方法をマイクロビッカースという	JIS Z 2244:2009
	ブリネル硬さ試験		直径が一定の鋼球を試験片に一定荷重で押しつけ、除荷後の圧痕の大きさから硬さを求める	JIS Z 2243:2008
	ロックウェル硬さ試験		ダイヤモンドコーンや鋼球に荷重を加えて試験片に押しつけ、除荷後のくぼみの深さから硬さを求める	JIS Z 2245:2011
疲れ試験		疲れ強さ、疲れ限度（時間強さ）	丸棒や板状の試験片に一定の応力振幅の繰返し応力を加え、破壊するまでの繰返し数を求める	JIS Z 2273:1978
クリープ試験		クリープ強さ	ある一定温度のもとで、試験片にある一定応力を加え、次第に増加する伸びを測定してクリープ速度を求める	JIS Z 2271:2010

図 3-3-13 ASTM 引張試験片（ASTM E8/E8-M-09）

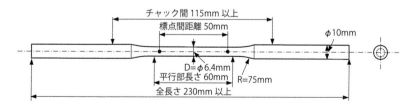

要点 / ノート

ダイカストの機械的性質は、製品機能に大きく影響することからさまざまな試験が行われる。評価方法については JIS に規定されているので参考とし、検査基準についてユーザーとの間で取り決めておくことが大切である。

コラム　　　いろんな「鋳造欠陥」③

● 外部欠陥（その2） ●

①外びけ

ダイカストの表面などの一部がくぼんだ状態になることを「外びけ」と言います。外びけの発生は、製品の厚肉部などで金型表面がホットスポットになり、表面直下の最終凝固部の凝固収縮に伴う負圧によってダイカスト表面層が内側に変形して発生します。

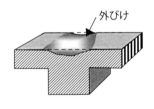

②二重乗り

ダイカストの表面において表層とその下部とで組織が異なる状態にあることを「二重乗り」と言います。金型キャビティに先行して流入した溶湯と後続の溶湯とが融合できずに境目になる場合や、増圧によって未凝固の融液が金型界面に押し出される場合などがあります。

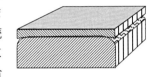

③ふくれ

ダイカスト表面の一部が周囲に比較して盛り上って凸部となった欠陥のことを「ふくれ」と言います。ふくれの下部は空洞になっています。ふくれは、ダイカストの表面に近い部分で巻き込まれた高圧の空気やガスが離型時に膨張して表面を凸状に押し上げて発生します。

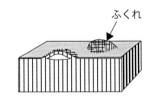

④ゲート部の巣

ダイカストのゲートを切断した際にその切断面に現れる巣のことを「ゲート部の巣」と言います。ゲートランナーのランド部分の金型表面は高速で溶湯が通過するためにホットスポットとなり、ランド部分の凝固が遅れてひけ巣が発生します。

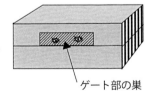

（模式図の出典：日本鋳造工学会「ダイカストの鋳造欠陥・不良及び対策事例集」(2000)）

【 第 **4** 章 】

ダイカストのトラブルと対策

【1 ダイカスト金型損傷と対策

金型損傷の種類

❶ダイカスト金型の損傷

　ダイカスト金型には、金型キャビティに充填した溶湯の顕熱・潜熱を除去してキャビティ形状に凝固させる「熱交換機能」、金型キャビティに沿った形状を作り出す「形状付与機能」、凝固・冷却したダイカストを金型から押し出す「押出機能」があります。ダイカスト金型は、これらの機能を果たすために短時間（数十秒～数分）に熱的、機械的、化学的（冶金学的）な負荷がかかるため、さまざまな損傷を発生します。また、損傷に至らない場合でも熱変形やかじりなどが発生すると、ダイカストの寸法精度や外観品質が損なわれます。

❷金型損傷の種類

　表4-1-1にダイカスト金型に発生する損傷の概略を示します。金型損傷には、原因別に大きく分けると、熱応力・熱疲労の熱的作用に起因するヒートチェック・型割れ、金型と溶湯の反応などの化学的・冶金的作用に起因する焼付き・侵食（溶損）、摩擦や応力変形などの機械的作用に起因する変形・折損・へたりなどに分類できます。

　図4-1-1にアルミニウム合金ダイカストと亜鉛合金ダイカストの型寿命をダイカストマシンサイズの大きさでまとめたものを示します。金型の平均寿命は、アルミニウム合金が11万ショット、亜鉛合金が45万ショットでアルミニウム合金は亜鉛合金の1/4の型寿命です。両者の違いは、鋳造温度や鋳造圧力の違いにより金型への熱的・機械的負荷が異なるためと思われます。また、両者ともダイカストマシンサイズが大きいほど型寿命が短くなります。これも、ダイカストマシンが大きいほど製品の大きさ、肉厚が厚くなるために熱負荷がかかるからです。

　図4-1-2にアルミニウム合金ダイカストと亜鉛合金ダイカストの型寿命の原因割合を示します。アルミニウム合金の型寿命の原因は、ヒートチェックが約8割でもっとも多く、ついで溶損・侵食、割れ、摩耗、腐食・肌荒れの順になっています。亜鉛合金では、ヒートチェックが約5割で、ついで摩耗、溶損・侵食の順になっています。アルミニウム合金では、熱負荷によるヒートチェックや割れが多いのに対して、亜鉛合金ダイカストでは機械的・化学的負

荷による溶損・侵食、摩耗の割合が多くなっています。これらの金型損傷は、経済的なダメージだけでなく、ダイカストの品質にも大きな影響を与えます。

表 4-1-1　ダイカスト金型の損傷の種類

種類	現象
ヒートチェック	加熱冷却を繰返し受ける時に金型の表面にできる亀甲状あるいは直線状の細かいひび割れ
型割れ（粗大割れ）	切欠き部や鋭角部などの応力集中しやすい場所や冷却孔内部から発生し、鋳造の比較的初期に発生する大きな割れ
焼付き	金型キャビティ表面や鋳抜ピンなどに鋳造合金が反応層を伴って化学的に融着している状態
型侵食（溶損）	金型キャビティ表面において、溶湯が激突する部分が侵食されて、しだいに減耗する現象
変形	鋳抜ピンや中子の一部が変形すること
折損	鋳抜ピンや中子の一部が欠損すること
へたり	局所的に高い機械的応力が付加されて金型が変形したもの。型つぶれとも言う

図 4-1-1　合金別のダイカストマシン型締力と型寿命

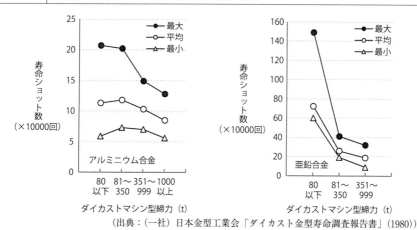

（出典：(一社)日本金型工業会「ダイカスト金型寿命調査報告書」(1980)）

図 4-1-2　型寿命の原因割合

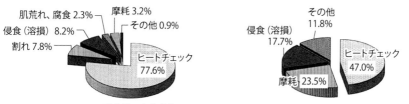

（出典：(一社)日本金型工業会「ダイカスト金型寿命調査報告書」(1980)）

> **要点／ノート**
>
> ダイカスト金型は、長期間使用中に熱的・機械的・化学的（冶金的）付加によって損傷を受ける。金型の損傷は、製品品質を悪化させるだけでなく、型寿命を左右するため経済的側面からもできる限り避ける必要がある。

【1 ダイカスト金型損傷と対策

ヒートチェックとその対策

❶ヒートチェックとは

図4-1-3に金型の表面に発生した「ヒートチェック」の例を示します。ヒートチェックは比較的微細な割れが亀甲状に形成され、一部には表面の脱落も観察されます。ヒートチェックの形態は鋳造温度によって異なり、低い場合には細かい亀甲状に形成され、クラックの深さも浅い場合が多いですが、過共晶Al-Si合金などのように、鋳造温度が高い場合には開口部が広く、深いクラックを発生する場合が多くなります。

❷ヒートチェックの発生原因と対策

ヒートチェックは、ダイカストの鋳造過程中に発生する温度勾配により、金型表面層内に引張応力と圧縮応力が交互に作用して発生するとされ、図4-1-4に示すような熱疲労モデルで説明されています。溶湯が金型キャビティに充填された時点で、金型表面は急激な加熱により膨張して圧縮応力を発生します。その際、金型表面は高温にさらされることから熱応力による塑性ひずみを生じます。その後、離型剤スプレーにより表面は急激に温度低下しますが、内部はまだ高温であるため、金型表面は収縮できずに引張応力が発生ます。この圧縮と引張の応力の周期的繰り返しにより、キャビティコーナー部のRの小さい部位や、表面の加工傷・研磨傷などの応力集中しやすい場所を起点としてヒートチェックが発生します。

ダイカスト金型の表面に繰り返しの温度変化が生じた時に発生する熱応力（σ）は式（4-1-1）で示されます。

$$\sigma = \frac{a \cdot (T_1 - T_0) \cdot E}{(1 - v)} \qquad (4\text{-}1\text{-}1)$$

E：弾性係数、v：ポアソン比、a：熱膨張係数、T_1：充填完了後の金型表面温度（℃）、T_0：加熱前の金型温度（＝内部の金型温度）（℃）

ヒートチェックの発生要因と対策を表4-1-2に示します。偏析や介在物の少ない鋼材、硬さおよび靱性に優れた鋼材などの鋼材の選定や熱伝導率の高い材料の選定、熱膨張係数aの小さな鋼材の選定などが効果的です。また、応力集中を防ぐためにキャビティコーナー部へのRの設置をすると効果的です。

136

第4章 ダイカストのトラブルと対策

図 4-1-3 金型の表面に発生したヒートチェックの例

図 4-1-4 ヒートチェック発生の熱疲労モデル

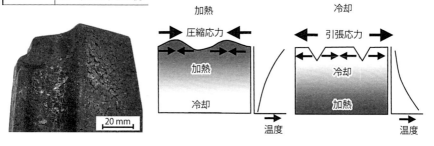

表 4-1-2 ヒートチェックの発生要因と対策

要因区分		発生要因	対策
金型要因	金型材質	偏析、介在物、耐熱強度、硬さ、靱性、熱膨張係数、熱伝導率など	・偏析の少ない鋼材の選定 ・高温強度、靱性に優れた鋼材の選定 ・熱伝導率の高い鋼材の選定 ・熱膨張係数の低い鋼材の選定
	製品設計 金型設計	金型サイズ、製品の肉厚、製品肉厚の変動、ゲート位置、冷却孔径・位置など	・製品肉厚の適正化 ・ゲート位置、厚さの適正化 ・キャビティコーナーにRを設置 ・冷却孔の数、位置、大きさを適正化して局部的な過熱を防止
	熱処理 表面処理	硬さ不適切、靱性不足など	・油冷による急冷（母材の強度、靱性向上） ・拡散層が浅く、白層のない窒化 ・定期的な再窒化（圧縮応力の解放前） ・金型表面層の応力除去処理 ・硬さの適正化（46～48HRC）
	金型加工	仕上げ面粗さ、ツールマーク、放電加工異常層など	・放電加工異常層の除去 ・低電圧放電加工 ・高速ミーリング加工（放電加工の廃止） ・ツールマークの除去 ・圧縮応力の付加（ショットピーニング）
操業要因	鋳造条件	鋳造温度、金型温度、冷却水量、水温、水質、ショットサイクル、金型予熱温度、鋳造圧力、射出速度など	・鋳造温度と金型温度の差を減少（鋳込み直前の金型温度を200℃以上に設定） ・冷却水量、温度の適正化 ・離型剤塗布直前の金型温度を300℃以下にする ・外冷の廃止と内冷の強化 ・ショットサイクルの安定化 ・鋳造圧力、射出速度の適正化 ・金型焼入れ前の試作鋳造の減少
	離型剤塗布	離型剤の種類・量・塗布方法 など	・離型剤塗布量、塗布時間の適正化 ・油性離型剤、粉体離型剤の使用

要点 ノート

ヒートチェックは、ショットごとの金型表面の加熱・冷却を繰り返す熱疲労によって発生する微細な割れで、製品に転写されて駄肉となり、意匠面に発生すると問題とされる。

1 ダイカスト金型損傷と対策

型割れとその対策

❶型割れとは

　金型の切欠き部や鋭角部などの応力集中しやすい場所や冷却孔内部から発生する大きな割れを「型割れ」と言います。また、鋳造の比較的初期に発生することから「早期割れ」と呼ぶこともあり、比較的小さなクラックであるヒートチェックと区別して「大割れ」などとも言います。

　図4-1-5に（一社）日本ダイカスト協会で調査したダイカスト金型の割れ発生までのショット数を示します。また、割れの起点を図4-1-6に示します。45％の金型が5000ショット未満で型割れを発生し、その起点はキャビティコーナーや冷却孔が多くなっています。図4-1-7に冷却孔から発生した割れの例を示します。割れの起点は冷却孔先端のエッジ部から発生し、徐々に進展した後、急激な全面破壊が起きたものと推測されます。

❷型割れの発生原因と対策

　型割れは、機械的（物理的）応力や熱的応力によって発生します。ヒートチェックが小さな熱応力の繰り返しで割れを発生する高サイクル熱疲労であるのに対して、型割れは大きな機械的・熱的応力の繰り返しによる低サイクル疲労で、比較的初期に発生します。

　機械的応力による割れは、金型内に発生する機械的応力が金型の強度を超え

| 図4-1-5 | ダイカスト金型の型割れ発生のショット数 | 図4-1-6 | ダイカスト金型の型割れの起点 |

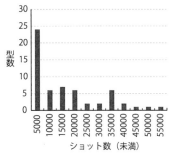

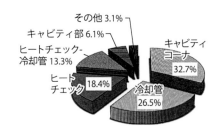

（出典：（一社）日本ダイカスト協会「ダイカストの型割れ対策の研究」(2000)）

（出典：（一社）日本ダイカスト協会「ダイカストの型割れ対策の研究」(2000)）

たことにより発生します。熱的応力による割れは、冷却孔と金型キャビティ表面との温度勾配に伴う大きな熱応力の繰り返しにより発生します。また、通常、冷却孔内面は冷却水により腐食しており、さらに熱応力や機械的応力が加わり、応力腐食や腐食疲労が起きて内面のツールマークやエッジなどを起点として割れが発生するものと考えられます。

表4-1-3に型割れの対策について金型要因と操業要因に分けて示します。

図 4-1-7　冷却孔から発生した割れの例

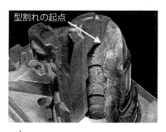

(出典：(一社) 日本ダイカスト協会「ダイカストの型割れ対策の研究3」(2005))

表 4-1-3　型割れの発生要因と対策

要因区分		発生要因	対策
金型要因	金型材質	内部組織の均一性、介在物、耐熱強度、硬さ、靭性、熱膨張係数、熱伝導率など	・偏析の少ない鋼材の選定 ・高温強度、靭性に優れた鋼材の選定 ・熱伝導率の高い鋼材の選定 ・熱膨張係数の低い鋼材の選定
	製品設計 金型設計	金型構成、金型サイズ、肉厚の急変、シャープコーナー、製品肉厚の変動、冷却孔径・位置など	・金型分割、形状による応力集中の防止 ・金型の強度、剛性の確保 ・金型の大きさ、厚さの適正化 ・キャビティコーナーにRを設置 ・冷却孔の大きさ、位置の適正化 ・冷却孔形状(鋭角部をなくしRづけ) ・キャビティ表面からの距離の適正化(20mm以上)
	熱処理 表面処理	硬さ不適切、靭性不足	・金型表面層の応力除去処理 ・冷却孔部の焼戻し ・硬さの適正化(40〜45 HRC)
	金型加工	仕上げ面粗さ、ツールマーク、溶接残留応力	・冷却孔加工ツールマークの除去 ・冷却孔加工段差の除去 ・溶接後の残留応力の除去
操業要因	ダイカストマシン	型締力	・型締力の適正化
	鋳造条件	鋳造温度、冷却水量、水温、水質、ショットサイクル、金型予熱温度、鋳造圧力、射出速度など	・鋳造温度を低めに設定 ・冷却水の軟水化、腐食防止剤の使用 ・ショットサイクルの安定化 ・金型の予熱温度を200〜250℃に設定 ・急激な通水をさける

要点｜ノート

型割れは、比較的初期に発生する割れ(大割れ)で、金型の致命的な破損につながる。特に冷却孔からの割れは発見しにくく、製品への転写やキャビティ面への冷却水漏れなどによって発見される。

1 ダイカスト金型損傷と対策

焼付きとその対策

❶焼付きとは
「焼付き」は、金型キャビティ表面や鋳抜ピンなどに鋳造合金が反応層を伴って化学的に融着している状態のことで、製品の離型を妨げたり、ダイカストの健全な表面層ができずに圧漏れを発生したりする原因になります。図4-1-8に焼付きを発生した鋳抜ピンを示します。矢印で示した白色の領域は焼付きにより付着したアルミニウム合金です。

❷焼付きの発生要因と対策
図4-1-9に焼付き断面の二次電子像を示します。界面にはAl-Si-Fe系金属間化合物の反応層が観察されます。

図4-1-10に焼付きの発生機構を示します。焼付き発生の初期段階には、物理的・機械的作用によるものと化学的作用によるものがあります。前者は金型表面の傷やピットなどに合金が金型に物理的・機械的に付着するもので、後者は離型剤皮膜の生成不良や金型表面の酸化膜・離型剤皮膜の流失などで化学的に合金が金型付着するものです。ショット数の増加により、金型表面と合金の間でAl-Si-Fe系の反応層が形成・脱落を繰り返して次第に厚膜化します。

表4-1-4に焼付きの発生要因と対策について示します。焼付き対策は、適切な金型材質の選定や鋳造条件の最適化などがありますが、主な焼付き対策は、過熱部に対する冷却の強化と表面処理です。

| 図4-1-8 | 焼付きを発生した鋳抜ピン |

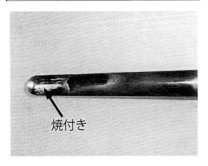

| 図4-1-9 | 焼付き断面の二次電子像 |

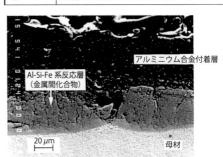

第4章 ダイカストのトラブルと対策

図 4-1-10 焼付き発生機構の模式図

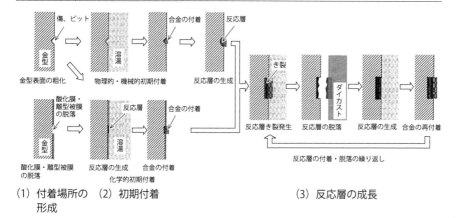

(1) 付着場所の形成　(2) 初期付着　(3) 反応層の成長

表 4-1-4 焼付きの発生要因と対策

要因区分		発生要因	対策
金型要因	金型材質	金型鋼種の不適、成分の不適、内部組織の不均一、耐熱強度不足、硬さ不足など	・金型鋼種の適正化 ・金型硬さの適正化（硬めに設定）
	製品・金型設計	金型サイズの不適、製品肉厚の不適、ゲート位置の不適、冷却孔径・位置の不適など	・製品肉厚の適正化（厚肉、駄肉の回避） ・ゲート位置の適正化 ・局部過熱防止のために冷却位置・方法を適正化（肉盗み部の冷却強化） ・中子ボス部、鋳抜ピン内への冷却の実施
	金型加工	仕上げ面粗さの不適、ツールマーク、放電加工異常層	・金型磨きの実施 ・ツールマークの除去 ・放電加工異常層の除去
	熱処理表面処理	硬さ不足、表面処理の不適、鋳造合金との直接的な接触	・金型硬さの適正化（45～47HRC） ・窒化、浸硫窒化、セラミックコーティング、放電被覆処理 などの表面処理の実施 ・白層（化合物層）、厚い拡散層の窒化
操業要因	鋳造合金	鋳造合金成分（Fe、Si、Cu、Mn）の不適	・鋳造合金成分の適正化（特にFe、Mnの量）
	鋳造条件	鋳造温度、金型温度、鋳造圧力、射出速度の不適、ショットサイクルの不適、水温の不適、水質（硬度、鋳）の不適、冷却水量不足	・鋳造温度、冷却水量、金型温度、鋳造圧力、射出速度の適正 ・ショットサイクルの適正化（型温の上昇防止） ・水垢の堆積防止（軟水化、水垢除去） ・冷却水量の適正化 ・外部冷却の使用
	離型剤	離型剤の種類・量・塗布方法の不適	・高温付着性の良い離型剤の選択 ・焼付き防止剤の添加 ・離型剤塗布量・位置・方法の適正化

> **要点 ノート**
>
> 焼付きは、鋳造合金と金型とが化学的（冶金的）な反応層を伴って発生する。焼付きが発生すると、耐圧性や機械的性質の悪化や品質の低下だけでなく、鋳造作業が継続できなくなる場合がある。

❰1❱ ダイカスト金型損傷と対策

型侵食とその対策

❶型侵食とは

　「型侵食」は、溶湯によって金型キャビティ表面が侵されて減耗する現象のことを言います。「溶損」とも言います。**図4-1-11**に80,000ショット鋳造後の小物のアルミニウム合金ダイカストの入子に発生した型侵食部を示します。型侵食は、ゲート近傍に広範囲に生じており、平滑で1mm程度の凹状態になっています。型侵食によって減耗した面は比較的平滑な面となっています。

❷型侵食の発生機構

　型侵食は、機械的・物理的侵食（エロージョン）と化学的侵食（コロージョン）があります。

　機械的侵食は、流動過程中の溶湯の衝突によって金型が摩耗することで発生し、流速が大きいほど侵食量が多くなります。侵食量は、速度の2乗〜10乗（一般的には5乗）で増加するとされ、20m/sから60m/sに速度を上げると侵食量は200〜300倍に増加すると見積もられます。

　化学的侵食は、溶湯と金型の化学的（冶金学的）な表面反応により金型が侵食されることで、温度が高いほど侵食量が多くなります。**図4-1-12**にAl-Fe二元系状態図のAl側を示します。純Alの場合、Feは660℃で1.9%、680℃で2.3%が溶融Alに溶解します。型侵食は、この溶融Al中へのFeの溶解反応によるものです。ADC12などのダイカスト合金の場合、Siが添加されているので溶解量は減少します。

　通常の高速充填の場合にはエロージョンが支配的で、スクイズダイカストや層流充填ダイカストなどのように高温かつ低速で溶湯が充填される場合にはコロージョンによる侵食が支配的となります。

❸型侵食の対策

　表4-1-5に型侵食の発生要因と対策について示します。金型材質では、コロージョンに耐えるため溶湯と反応しにくい型材の選定、エロージョンに耐えるため硬さの高い合金種の選定が重要です。また、ε-Fe_3N窒化層、TiC、CrNなどの金型表面処理により金型と溶湯の直接接触を防止することも効果的です。操業要因としては、鋳造温度、金型温度、射出速度の適正化が重要です。

142

鋳造合金の成分管理では特にFeが少なくなるとコロージョンを発生しやすいので注意が必要です。

| 図 4-1-11 | 小物ダイカストの入子に発生した型侵食 | 図 4-1-12 | Al-Fe二元系状態図（Al側拡大）|

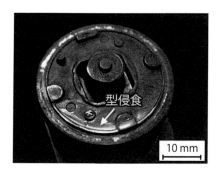
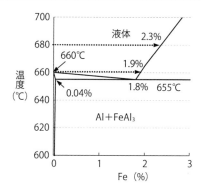

表 4-1-5 型侵食の発生要因と対策

要因区分		発生要因	対策
金型要因	金型材質	金型鋼種、成分、耐熱強度、硬さなど	・金型鋼種の適正化 ・金型硬さの適正化（硬めに設定）
	製品設計 金型設計	金型サイズ、製品の肉厚、肉盛み部の過熱、ゲート位置、冷却孔径・位置など	・製品肉厚の適正化（厚肉、駄肉をさける） ・ゲート厚さ、ゲート位置の適正化 ・急激な断面積変化を防止 ・ランド部、金型キャビティ部などの溶湯激突部への冷却設置
	熱処理 表面処理	硬さが不足、鋳造合金との接触	・金型硬さの適正化（45～47 HRC） ・窒化、塩浴浸硫窒化、セラミックコーティング、放電被覆処理などの表面処理の実施 ・表面に微細な凹凸をつける
操業要因	鋳造条件	鋳造温度、冷却水量、水温、水質、ショットサイクル、金型温度、鋳造圧力、射出速度	・鋳造温度の適正化 ・冷却水量の適正化 ・水垢の堆積防止（軟水化、水垢除去） ・外部冷却の使用（過熱部） ・ショットサイクルの適正化（型温の上昇防止） ・射出スリーブ内凝固の抑制 ・金型温度、射出速度の適正化（低めに設定）
	鋳造合金	鋳造合金成分（Fe、Si、Mn）、初晶Si	・鋳造合金成分の適正化 ・鋳造温度の適正化により射出スリーブ内での初晶Al、初晶Siの生成を防止
	離型剤塗布	離型剤の種類・量・塗布方法	・高温付着性の良い離型剤の選択 ・離型剤塗布量、塗布位置の適正化

要点 ノート

型侵食は、鋳造ショット数を重ねるうちにゲート部や溶湯が衝突する金型キャビティ表面が次第に減耗する現象である。機械的・物理的侵食と化学的侵食がある。対策としては表面処理が効果的である。

1 ダイカスト金型損傷と対策

その他の金型損傷とその対策

❶型変形

　「型変形」には、型締力・鋳造圧力による変形、鋳バリのかみ込みなどによる機械的応力による変形、熱膨張による熱変形などがあります。その一例として図4-1-13に1サイクルにおける可動型中央部での応力の変化を示します。また、図4-1-14に鋳造過程での金型の変形モデルを示します。繰返し鋳造によってキャビティ表面は温度上昇し、熱膨張するために金型全体が反ります。その後、型締めにより反りが戻ることで逆に金型背面側には引張応力が作用します。さらに溶湯の射出・充填により型開き方向に鋳造圧力が作用して、金型背面の引張応力が増加します。その引張応力は型開きにより開放されて元に戻ります。これらの応力が弾性変形内に収まり、軽度な場合には金型の損傷には至りませんが、鋳バリの発生や製品肉厚・寸法不良となどを引き起こすことがあります。発生する応力が大きく、疲れ強さあるいは引張強さを超える場合には折損や破損が起こります。

　対策としては、射出速度・鋳造圧力の適正化、金型剛性の向上、金型内の温度勾配を小さくするために熱伝導率の大きな金型材料の選定、熱膨張係数の小さな材料の選定などがあります。

❷折損

　「折損」は、押出ピン、鋳抜ピン、中子の一部が破損することです。折損にはさまざまな原因があります。押出ピンの折損は、押出ピンの配置、本数、径などが不適切で押出時に発生します。また、焼付きやかじりが発生して鋳造合金が付着し、かつ高温・高圧にさらされると押出ピン、鋳抜ピン、中子の強度が低下して、型開きや離型・押出時に高い引張応力や曲げ応力が生じて変形・破損します。また、ダイカストの熱収縮に伴う応力が大きい場合に、鋳抜ピンが変形あるいは折損する場合があります。図4-1-15に折損した鋳抜ピンの例を示します。

　対策としては、適正な押出ピンの配置、本数、径を設定すること、焼付きやかじり対策を行うこと、高温にならないように鋳抜ピン、中子を冷却します。一般に、製品取出し後の鋳抜ピンなどの温度を270℃以下にすることが望まし

144

いとされます。また、製品形状あるいは鋳抜穴の形状を変更し、鋳抜ピンに作用する応力を小さくするなどの対策も必要です。

❸ へたり

「へたり」は、局所的に高い機械的・熱的応力が付加されて金型が変形したものを言います。「型つぶれ」とも言います。たとえば、金型分割面に鋳バリなどが残ったまま型締めを繰り返し行った場合、鋳バリが押しつぶされて金型に局部的に高い応力を発生し、次第に金型が塑性変形します。

対策としては、機械的応力に対しては、型材を硬さの高い材料に変更したり、熱処理を適正にします。熱的応力に対しては、金型冷却を強化して軟化を防止します。また、金型の清掃、取り扱いなどにも注意を払います。

| 図 4-1-13 | 1サイクルにおける可動型中央部での応力の変化 |

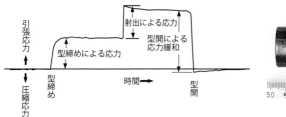

| 図 4-1-15 | 折損した鋳抜ピン |

| 図 4-1-14 | 金型の変形モデル |

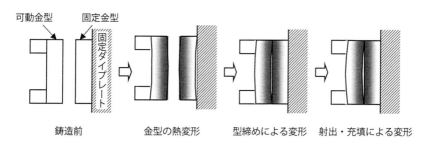

> **要点ノート**
> ダイカスト金型の損傷には、変形、折損、へたりなど金型に作用するさまざまな機械的応力や熱応力によって塑性変形または破損するものがある。定期的な金型メンテナンスによって未然にこれらの損傷を防ぐことが大切である。

2 ダイカストの品質と鋳造欠陥対策

ダイカストの品質と鋳造欠陥の種類

❶ダイカストの品質

　ダイカストは、溶湯を高速で短時間に金型キャビティに充填し、高圧力をかけて短時間に冷却・凝固するために、第1章第1節で述べたように砂型鋳造や重力金型鋳造などの他の鋳造法にはない優れた品質が得られます。反面、短時間充填、短時間凝固によりダイカスト特有のさまざまな鋳造欠陥を発生します。

　図4-2-1に、ダイカスト製品から切り出した引張試験片により得られたADC12の破断伸びと、引張強さおよび0.2％耐力の関係を示します。0.2％耐力はおおむね一定で130～180 MPaの範囲にありますが、図3-3-13（131ページ）で示したASTM引張試験片（平行部には鋳巣などの鋳造欠陥がきわめて少ない）で得られる同等以上の引張強さ313 MPa、破断伸び3.9％と良好な引張特性を有するものから、引張強さ154 MPa、破断伸び0.5％と著しく低いものもあります。このように、実体強度が低くなるのは、製品に発生するさまざまな欠陥によるものです。表4-2-1に主なダイカストの実体強度の平均値とASTM引張試験の比較を示します。合金種にもよりますが、一般的にはダイカストの実体強度はASTM試験片の約7割程度と言われています。

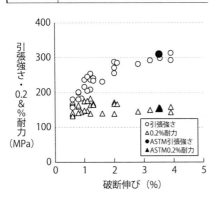

図4-2-1　実製品で評価したADC12の破断伸びと引張強さ、0.2％耐力の関係

表4-2-1　実体強度の平均値とASTM試験片による引張特性の比較例

JIS記号	引張強さ（MPa） 実体	ASTM	比率(%)	伸び（%） 実体	ASTM	比率(%)
ADC1	250	290	86	1.7	3.5	49
ADC6	266	280	95	6.4	10.0	64
ADC12	228	310	74	1.4	3.5	40
ZDC2	247	283	87	5.4	10.0	54
AZ91D	230	226	98	3.9	3.0	130

比率：（実体/ASTM）×100

第4章 ダイカストのトラブルと対策

❷ダイカストの鋳造欠陥の種類

表4-2-2にダイカストに発生する鋳造欠陥の種類とその性状について示します。ダイカストの欠陥には大別して寸法上の欠陥、外部欠陥（外観上の欠陥、鋳肌欠陥）、内部欠陥などがあります。

表 4-2-2 | ダイカストの欠陥の種類と特徴

	欠 陥 の 種 類	欠 陥 の 特 徴
寸法上の欠陥	伸び尺違い	縮み代の設定が悪く、寸法不良になるもの
	型逃げ	金型、中子が逃げて余肉となるもの
	中子逃げ	分割面で鋳抜ピンあるいは中子がずれたために、ダイカスト表面が食い違ったもの
	変形	ダイカストの熱収縮時に発生する応力による変形やゆがみ
	鋳バリ	可動、固定分割面、中子分割面などに溶湯が差し込んでできた駄肉
外部欠陥	ヒートチェック傷	金型のヒートチェックが転写されたダイカスト表面の網目状の細かい凸部
	未充填	溶湯がキャビティを完全に充填できずにできた欠肉部
	湯境	溶湯が合流する箇所において完全に融合できずにできた境目
	湯じわ	表面に発生した不規則な浅いしわ
	湯模様	平面あるいは緩やかな曲面上に現れる不規則な溶湯の流れ方向の模様
	焼付き傷	ダイカストの鋳肌部に金型との焼付きによって生ずるくぼみや粗面
	型侵食傷	金型が侵食されてできたへこみ部が製品に転写されてできた傷や凸部
	かじり傷	金型から押出される際にダイカストの表面に生じた引っかき傷
	外びけ	厚肉部のダイカスト表面に生じるくぼみ
	逆バリ	鋳バリが残ったまま鋳造し、鋳バリが製品に食い込んだもの
	ふくれ	製品表面に発生した内部が空洞で山形形状の小さな突起。ブリスターとも言う
	はがれ、めくれ	製品の表面が薄くはがれた状態になる。一部が薄くはがれたものをめくれと言う
	打こん	ダイカストの取扱い中、運搬中に発生した打ち傷
	表面偏析	鋳肌表面に溶質濃化融液が押出されてできた偏析。逆偏析とも言う
	二重乗り	製品表面で後から充填された溶湯が融着されずにできた二重の薄い層
	冷間割れ	熱収縮時に発生した収縮応力に耐えられなくて生じる割れ
	熱間割れ	凝固中に発生した収縮応力に耐えられなくて生じる割れ。「割れ凝固割れ」とも言う
	ひけ割れ	凝固収縮により生じた不規則な形の割れで、き裂部分に樹枝状晶が観察される
	ゲート部の巣	ゲートを切断した際に、切断面に現れる空洞
	欠け込み	ゲート、押し湯部の除去時に起こる鋳物の欠肉
内部欠陥	ブローホール	金型内の空気、離型剤などの分解ガスが巻き込まれてできた丸くてなめらかな壁面をもつ空洞
	すみひけ巣	厚肉部や肉厚段差、縦壁のあるすみ内側に生じる凝固収縮による空洞
	ひけ巣	凝固収縮による溶湯不足で厚肉部に生ずる比較的大きな空洞
	ざく巣	凝固収縮による溶湯不足で厚肉部に生ずる微細な海綿状の空洞
	金属性介在物	母材とまったく異なる成分の金属または金属間化合物を巻き込んだもの
	マクロ偏析	高圧力によって最終凝固部に溶質元素が絞り出されてできた偏析
	破断チル層	射出スリーブ内で生成した凝固層が破砕されてダイカスト内に巻き込まれたもの
	ドロス巻き込み	溶湯表面に浮遊するドロス、溶湯処理剤を巻き込んだもの
	酸化膜巻き込み	金属酸化物の膜状介在物を巻き込んだもの。しばしば局部的に組織を横切っている
	ハードスポット	ダイカスト内に巻き込まれた切削性を阻害する硬い異物や介在物

要点 ノート

ダイカストは、砂型鋳造品や金型鋳造品の鋳放し強さに比較して優れている。しかし、短時間充填、短時間凝固のために、さまざまな鋳造欠陥を発生して、機械的性質を悪化させる。

《2》ダイカストの品質と鋳造欠陥対策

鋳バリとその対策

❶鋳バリとは

　「鋳バリ」は、金型の分割面の隙間、中子の合わせ部分の隙間、入子の隙間、押出ピンの隙間などに溶湯が侵入、凝固して発生した製品形状から張出した薄膜状の突出部のことを言います。鋳バリの事例を**図4-2-2**に示します。**図4-2-3**に鋳バリ断面のミクロ組織の例を示します。鋳バリの根元部は矢印Aで示したようにa-Al晶（白色）が扁平に押し潰されたような形態をしています。

　鋳バリが発生すると、製品肉厚・質量の増加、仕上げ工数の増加、金型清掃の工数・時間の増加などの不都合を生じます。また、鋳バリの除去が不十分のまま製品に組み込まれると、使用中に鋳バリが脱落して製品の動作障害や破損、電気製品では絶縁不良などの事故を発生する可能性があります。

❷鋳バリの発生原因と対策

　鋳バリの発生にはさまざまな要素が関係しており、金型、ダイカストマシン、鋳造のすべてに原因があります。特に、金型と射出条件は重要で、充填完了時の衝撃圧（サージ圧）や鋳造圧力（増圧）によって金型が逃げたり、変形したりするとその隙間に溶湯が侵入して鋳バリとなります。鋳造中の温度上昇によって金型が熱膨張して隙間が発生することもあります。

　鋳バリの厚さは0.05〜0.15 mmと言われますが、0.1 mm以上が多く観察され、金型に0.1 mm以上の隙間があると溶湯が侵入、凝固して発生します。

　表4-2-3に鋳バリの対策を示します。鋳バリの対策には、鋳バリを発生させない、発生した鋳バリを簡単に除去するといった2種類の方法があります。

　溶湯が侵入しにくいように金型の加工・組み立ての精度を十分に確保して隙間を0.1 mm以下にします。また、鋳造中に金型に隙間が発生しないように金型に十分な剛性を持たせることや射出条件を管理します。特に、充填完了時の衝撃圧は、充填圧力とプランジャーロッド、チップなどの慣性力との総和で発生するので、充填圧力および射出速度が大きいほど高くなります。したがって、充填圧力や射出速度を低下することで隙間の発生を小さくします。また、鋳造圧力による金型の変形には、鋳造品質に影響しない範囲で鋳造圧力を低下させます。金型はダイカストの生産数が増加してくると、摺動部が摩耗したり

148

「へたり」が起きて隙間が発生するのでメンテナンスも重要です。

　鋳バリの発生をゼロにできない場合は、除去しやすい鋳バリ（良い鋳バリ）を発生させます。たとえばプレストリミングする際に、ポンチとダイのクリアランスより薄い場合には、鋳バリが寝てしまい除去することはできないので、故意に打ち抜ける厚さの鋳バリを発生させることがあります。

図 4-2-2 型分割面の鋳バリ　　図 4-2-3 鋳バリ断面のミクロ組織

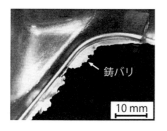

（出典：日本鋳造工学会「ダイカストの鋳造欠陥・不良および対策事例集」(2000)）

表 4-2-3 鋳バリの対策

対策の方針	対策項目	対策内容
鋳バリを発生させない	金型の隙間を小さくする	・加工、組立精度を上げて、固定・可動型、おも型、中子、押出ピンなどの組み合わせで隙間を縮小する ・高温での金型のすりあわせを行う
	金型の材質・構造を変更する	・熱伝導率の高い型材を用いる ・可動型にサポートを入れる ・おも型の材質を鋳鋼などの高剛性にする ・おも型を厚くする
	射出速度を低下する	・射出速度を低下して充填時完了時の衝撃圧を下げる
	鋳造圧力を低下する	・鋳造圧力を低下して金型の変形を防止する
	射出時にブレーキを使う	・充填完了時にピストンアキュムレーター内の圧力を急降下させてブレーキをかける
	押出ピンの冷却	・押出ピンを戻す前に離型剤などで十分冷却することで押出ピン孔の摩耗を防ぐ
	金型の予熱	・鋳造立ち上げ時の金型の予熱によってキャビティエッジ部の変形を抑える
	金型のメンテナンス	・メンテナンスにより金型の隙間管理を行う
鋳バリを簡単に除去する	除去しやすい鋳バリにする	・プレスでのトリミングで打ち抜き除去が可能な厚さの鋳バリを故意に発生させる
	金型分割面にリブを設ける	・金型分割面に発生した鋳バリを除去しやすいようにリブを設けて鋳バリ取りの際に製品が傷つくのを防止する
	押出ピン座を設ける	・押出ピンの回りに発生する差しバリを除去しやすくする

要点 ノート

鋳バリは金型の隙間に溶湯が侵入、凝固することで発生する。対策には、鋳バリを発生させないように隙間を 0.1mm 以下にする。また、鋳バリの発生を阻止できない場合は、除去しやすい鋳バリにする。

2 ダイカストの品質と鋳造欠陥対策

湯流れ欠陥とその対策

❶湯流れ欠陥とは

　湯流れ性に起因する欠陥には、図4-2-4に示すように「未充填」「湯境（ゆかい）」「湯じわ」などがあります。未充填は、完全な充填が行われずにダイカストの一部が欠肉状態となっています。フィンなどの薄肉部や袋状のボス先端部などに多く発生します。湯境は、溶湯が合流する場所などで、完全に融合せずに境目が形成されるものです。その境目は断面で観察するとダイカスト内部にも形成されていることがあります。湯じわは、ダイカストの最表面の不規則な浅いしわとして形成され、製品の薄肉部分や袋状のガスが溜まりやすい所、ガス抜けの悪い所などに多く発生します。

❷湯流れ欠陥の発生原因と対策

　図4-2-5に湯流れ欠陥の発生模式図を示します。図4-2-5（左）に示すキャビティを溶湯が流動するとした場合、ゲートから流入した溶湯は左右に分かれてキャビティを上昇し、天側で合流するものとします。キャビティ内を流入する溶湯は、金型に熱を奪われて場合によっては凝固を伴いながら流動して天側の合流前にある程度の固相が晶出し、粘性が増加した場合には合流前に流動が停止します。この時の固相の割合が「流動停止固相率」です。このように溶湯が合流する前に流動が停止した場合、未充填となります。また、金型キャビティには空気や離型剤の分解ガスが存在し、金型からの排気が不十分だと流動している溶湯の前面のキャビティに圧縮されて背圧となり、流動を阻害して未充填を発生します。キャビティを流入して天側で合流した溶湯が、完全に融合できなかった場合には湯境を発生します。融合してもキャビティとの間に

図 4-2-4　湯流れ性に起因する欠陥

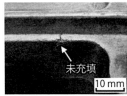
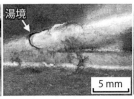
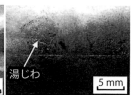

150

ギャップがある場合には湯じわとなります。表4-2-4に湯流れ欠陥の対策を示します。

図 4-2-5 | 湯流れ欠陥の模式図

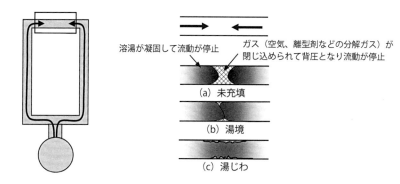

表 4-2-4 | 湯流れ欠陥の対策

対策の方針	対策項目	対策内容
溶湯の冷却・凝固を抑制する	射出スリーブ内に注湯された溶湯の冷却	・ショットタイムラグ（STL）を短くする ・スリーブ充填率を上げる（できれば50％以上） ・粉体潤滑剤などの断熱系のチップ潤滑剤を使う ・スリーブを加熱してホットスリーブを採用する ・セラミックスなどの熱伝導率の小さなスリーブを採用する
	ランナー、金型キャビティを充填過程中の溶湯の冷却、凝固を抑制	・高速射出ダイカストなどで充填時間を短くする ・断熱系の離型剤を使用する ・金型キャビティ面にしぼ加工を施す ・ヒーターやオイル加熱により金型温度を高くする ・鋳造温度を高く設定する ・オーバーフローを設けて金型温度を高くする ・製品窓部に湯張り（薄肉部）を設ける ・ゲートの位置、厚さ、幅を適正化する ・製品形状・肉厚を変更する
	その他	・ADC1やADC12などの湯流れ性の良い合金を採用する ・大きめのオーバーフローを付ける
キャビティ空気やガスの背圧を抑制する	ガスの発生を抑制	・ガス発生の少ないチップ潤滑剤や離型剤を採用する ・金型のエアブローを十分に行う
	空気やガスの排気効率を上げる	・チルベントやGF法などの大量ガス抜きを採用する ・真空ダイカストにより金型キャビティの空気やガスを強制的に排気する
	金型に隙間を設ける	・金型を分割したり、ガス抜き溝を設けたりする

> **要点 ノート**
> 湯流れ欠陥は、金型キャビティでの溶湯の温度低下と空気・ガスの背圧のためにキャビティを完全に溶湯が充填できずに発生する欠陥で、その程度により未充填、湯境、湯じわなどがある。

2 ダイカストの品質と鋳造欠陥対策

めくれ・はがれとその対策

❶はがれ・めくれとは

「はがれ」は、ショットブラストや切削加工などの後処理・後加工時にダイカスト表面の一部が薄くはがれる現象を言います。「めくれ」は、表面の薄皮が完全にはがれずに一部が鋳肌に残留した現象を言います。はがれ・めくれが発生すると自動車部品では油圧回路の詰まりの原因に、また電機部品などでは絶縁不良の原因に、摺動部品では異常摩耗あるいは傷の原因に、さらに表面処理部品では塗装やめっき不良などの原因となるため要注意です。

図4-2-6はADC12合金ダイカストに発生したはがれの例です。(a) ははがれ部の外観で、ゲート（写真下部）から少し離れたところに2カ所（矢印）観察されます。はがれ部を走査型電子顕微鏡（SEM）で観察したものが (b) で、右下部が薄皮部です。(c) は薄皮直下の製品側表面を拡大して観察したもので、樹枝状晶（デンドライト）の突起が観察されます。

❷はがれ・めくれの発生原因と対策

はがれ・めくれは、ガスの巻き込みによるふくれや湯境や二重乗りなど、さまざまな一時的欠陥が原因となって発生する二次的な欠陥と考えられます。表4-2-5に一次的欠陥ごとのはがれ・めくれの発生原因とその対策を示します。

ダイカストに混入する介在物は多くの種類がありますが、それらが表面層近くに混入した場合には、その周囲にある製品部の表面に近い部分が剥離してはがれ・めくれとなります。介在物には、酸化物、酸化皮膜、鋳バリなどがあります。また、焼付き・かじりによる金型の付着層が製品表面に取り込まれてはがれ・めくれとなる場合があります。定期的な金型の清掃も重要です。

ガスの巻き込みによるはがれ・めくれは、製品表面直下でキャビティの空気や離型剤・潤滑剤などのガスが巻き込まれてふくれを形成し、薄皮部がはがれ・めくれとなるもので、図4-2-6のはがれはこれが原因と推定されます。

二重乗りは、金型キャビティに噴霧状に流入した溶湯が金型表面で薄皮状に凝固層を形成し、後続の溶湯との間に境目が形成される場合と、内部の未凝固の溶湯が、増圧や局部加圧などにより製品の表面に押し出されて薄膜を形成する場合があります。この境目に沿ってはがれ・めくれが発生します。

湯境は、前項の図4-2-4および図4-2-5に示すように、ダイカスト内部に向かって表面に対してある程度の角度をもって形成されているため、はがれ・めくれは厚くて短い形状となることが多いです。また、金型温度が高い部分（ホットスポット）での凝固が遅れ、製品表面層の直下が最終的な凝固部となるためひけ巣が連続的に形成され、その面からはがれ・めくれが発生します。

図 4-2-6　ADC12合金ダイカストの表面に発生したはがれ

(a) 発生部外観、　(b) はがれ部のSEM観察、　(c) 薄皮直下の製品側表面の拡大SEM

表 4-2-5　はがれ・めくれの発生要因別分類と対策

一次的欠陥	発生機構	模式図	対策内容
酸化物・介在物の巻き込み	炉中で形成された酸化物・介在物が巻き込まれ、それが表面層に近い場合にはがれ・めくれになる	酸化物・介在物／ダイカスト	・溶湯処理の徹底とドロスの除去 ・ラドルネットの使用 ・静かな出湯　など
金型付着層の巻き込み	焼付きやかじりなどで金型に付着していた薄皮状の鋳造合金が製品表面に付着したものがはがれ・めくれになる	金型付着層／ダイカスト	・金型温度の適正化（焼付き防止） ・金型表面処理の採用（焼付き防止） ・離型剤塗布の適正化（かじり防止） ・抜勾配の適正化（かじり防止）など
ガスの巻き込み（ふくれ）	製品表面直下で金型キャビティの空気や離型剤・潤滑剤などのガスが巻き込まれてふくれを形成し、薄皮部がはがれ・めくれになる	ガスの巻き込み／ダイカスト	・鋳造方案の適正化 ・排気方案の適正化 ・潤滑、離型剤の種類、量の適正化 ・射出条件の適正化　など
二重乗り	初期の溶湯が金型表面を走り、薄皮状に凝固層を形成し、その後に内部が充填されるが未融合となり二重乗りが形成されて薄皮部が剥離して、はがれ・めくれになる	二重乗り／ダイカスト	・充填時間の短縮 ・ゲート方案、ゲート速度の適正化 ・金型温度、鋳造温度の適正化 ・断熱系の離型剤の使用　など
	内部にあった未凝固の溶湯が、増圧や局部加圧などにより製品の表面に押し出されて薄膜を形成し、二重乗りとなりはがれ・めくれになる		・金型温度の適正化 ・増圧タイムラグの短縮 ・鋳造圧力（増圧）の低減 ・充填時間の短縮　など
湯境	最終充填部で異なる方向からきた溶湯同士がぶつかり、溶湯温度が低下して未融合となり、そこが界面となりはがれ・めくれになる	湯境／ダイカスト	・製品形状、鋳造方案の適正化 ・金型温度、鋳造温度の適正化 ・湯流れ性の良い合金種の選定 ・充填時間の短縮　など
ホットスポット部の直下の連続的なひけ巣	金型温度が高い部分（ホットスポット）の凝固が遅れ、製品表面層の直下が最終凝固部となり連続したひけ巣が形成され、その面からはがれ・めくれになる	連続したひけ巣／ダイカスト	・製品形状、肉厚の適正化 ・鋳造方案の適正化 ・金型温度の適正化（内部冷却の強化、外部冷却の適用）など

> **要点　ノート**
>
> はがれ・めくれは、ダイカストの鋳肌面が薄くはがれる欠陥で、さまざまな鋳造欠陥が原因となる二次的欠陥である。部品として使用中に、発生するとさまざまなトラブルの原因となる重大な欠陥になる。

【2 ダイカストの品質と鋳造欠陥対策

鋳巣欠陥とその対策

❶鋳巣欠陥とは

「鋳巣」は、ダイカスト内部に発生する孔状の欠陥のことです。鋳巣を発生すると機械的性質を悪化させたり、耐圧性を悪化させたりします。鋳巣は、ひけ巣とブローホールの2つに大別できます。

❷ひけ巣とその発生原因

ひけ巣は内部に生ずる粗い内壁をもった空洞の欠陥のことです。図4-2-7に加工面に現れたひけ巣とそのSEM観察した結果を示します。ひけ巣は不定形な形状をしており、巣の内壁にはデンドライトの突起が観察されます。また、巣の大きさは比較的大きく、場合によっては数mmに及ぶものもあり、製品肉厚の中心部や肉厚の変化部にしばしば観察されます。ひけ巣は、凝固収縮により発生します。凝固収縮率は、ADC12で約4％程度です。金型キャビティに充填された溶湯は、すぐに凝固しはじめますが、ダイカストの場合ゲートが薄いので製品部より先にゲート部が凝固し、製品部が凝固する際には溶湯が不足して内部に空洞が生成し、ひけ巣となります

❸ブローホールとその発生原因

「ブローホール」は、ダイカストの内部に生ずる内壁が比較的平滑な空洞の欠陥のことです。図4-2-8に加工面に現れたブローホール（a）とそのSEM観察結果（b）を示します。ブローホールは、球状または球に近い形状で、内壁は比較的平滑な面になっています。ブローホールは、空気やチップ潤滑剤・離型剤の分解したガスが充填中に溶湯に閉じ込められたものです。大きさは多くが1mm以下です。ブローホール内に閉じ込められる空気やガスの量は1気圧での体積に換算すると10～50 mL/100gAl程度です。

❹鋳巣欠陥の対策

表4-2-6に鋳巣欠陥対策の例を示します。

ひけ巣の対策は、製品部が凝固する際に凝固収縮分の溶湯を補給する経路を確保することが大切で、ゲートの適正化（位置、厚さ、断面積など）、鋳造圧力の適正化（増圧およびそのタイミング）、鋳造温度の適正化などがあります。製品肉厚をできる限り一定にすること（均肉化）や、キャビティ配置の適

154

正化など設計段階で十分にひけ巣対策をしておきます。

　ブローホールの対策は、射出スリーブ充填率を上げる、オーバーフロー、エアベントの位置・サイズを適正化する、金型キャビティを減圧または真空にする、ガス発生の少ない潤滑剤・離型剤の採用や塗布量の低減、エアブローの強化により過剰な潤滑剤・離型剤を吹き飛ばすなどの対策があります。

| 図 4-2-7 | 加工面に現れたひけ巣（a）とそのSEM観察結果（b、c） |

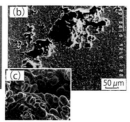

| 図 4-2-8 | 加工面に現れたブローホール(a)とそのSEM観察結果(b) |

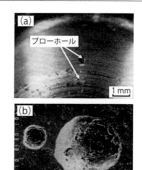

表 4-2-6　鋳巣欠陥対策の例

種類	対策項目	対策内容
ひけ巣	製品形状	均肉化（駄肉の回避）、鋳巣発生部に鋳抜ピンを設ける　など
	鋳造方案	分流子を短くする、ゲートを厚くする、大きなプランジャー径を用いる、局部加圧、ビスケット厚さの適正化（スリーブ径の3割を目安）、オーバーフローサイズの適正化（大きすぎない）　など
	鋳造条件	鋳造温度の低下、鋳造圧力の増加、増圧タイムラグの短縮、射出速度の増加（充填時間の短縮）、金型過熱部の冷却　など
ブローホール	製品形状	均肉化（駄肉の回避）、急激な肉厚・形状の変化の回避、削り代の低下　など
	鋳造方案	ゲート・オーバーフローの位置・サイズの適正化、エアベント形状の適正化（減速型、チルベントの採用）、ランナー形状の適正化（急激な方向転換・断面積の変化の回避）、スリーブ充填率の増加、分流子の短縮、ランナー部の増速、引抜中子背面に水抜き溝・孔の設置　など
	鋳造条件	射出速度の適正化（低速化）、高速切り替え位置の適正化（ゲート通過後の切り替え）、鋳造圧力の増加、増圧タイムラグの短縮、離型剤塗布量の少量化、金型温度の適正化（水残りの回避）、高速ストロークの短縮、スムーズな射出（びびりの回避）、エアベント詰まりの防止（鋳バリ残り防止）　など

要点　ノート

鋳巣欠陥は、ダイカスト内部に発生する空洞のことで、凝固収縮に起因するひけ巣とガスの巻き込みに起因するブローホールがある。鋳巣の発生は機械的性質や耐圧性を損なうので注意が必要である。

2 ダイカストの品質と鋳造欠陥対策

割れ欠陥とその対策

❶割れ欠陥とは

　ダイカストの表面あるいは内部に発生する亀裂を「割れ」と言います。**表4-2-7**にダイカストの割れの分類と定義および発生要因を示します。凝固・冷却に伴う割れには、熱間割れ、冷間割れ、ひけ割れの3種類があります。外部応力による割れには離型割れと後加工割れが、その他の割れには腐食割れ、時効割れなどがあります。

❷熱間割れとその対策

　溶湯が金型キャビティで冷却され、液相線温度に達して凝固を開始してから固相線直下まで冷却される際に、まだ液相が残っている時に発生する凝固過程での割れを「熱間割れ」と言います。鋳造割れや凝固割れとも呼ばれます。熱間割れは、凝固過程の固液共存領域において、ダイカスト自体、あるいは金型に拘束されて発生する収縮応力にダイカストが耐えられずに亀裂を生ずることです。対策としては、製品の隅部にRを設けて応力集中を避ける、製品隅部に微小リブを設けて応力を分散するなどがあります。

❸冷間割れとその対策

　「冷間割れ」は、凝固完了後の液相のない固相線から室温までの冷却過程で発生する割れのことを言います。ダイカストが金型内で無事に凝固を完了したとしても、冷却過程で熱収縮が起こるために、金型で拘束されたダイカストには収縮応力が発生し、この応力に耐えられない場合に割れを発生します。対策としては、隅部や角部のRを大きくとり、応力集中を避けて収縮応力を分散させる、収縮応力に耐えられるような肉厚に変更する、できる限りキュアリングタイムを短くして高い温度で離型・取り出すなどがあります。

❹ひけ割れとその対策

　図4-2-9にADC10のひけ割れの例を示します。ひけ割れの内部にはひけ巣が観察され、割れ部にはデンドライトの突起が粒状観察されます。ダイカストの厚肉部や隅部などの金型温度が高くなる領域（ホットスポット）で最終凝固部が金型表面に近づいた時点で、溶湯補給が不十分になると、表面近くにひけ巣が発生し、同時に表面には外びけが発生し、これらが連結してひけ割れとな

第 4 章 ダイカストのトラブルと対策

ります。ひけ割れの対策としては、凝固収縮時の溶湯補給を強化するため、鋳造圧力・ゲート厚さを増加する、金型のホットスポットを小さくするため、金型の冷却を強化する、鋳造温度を低めにするなどがあります。

表 4-2-7 ダイカストの割れの分類、定義、発生要因

分類			定義、発生要因	備考
(1) 凝固・冷却に伴う割れ。自己発生応力などが主要因であることによる凝固、冷却過程での割れ	① 熱間割れ		固相線直上までの液相が残っている範囲で発生する凝固過程での割れ。凝固収縮に伴う応力で、凝固過程のダイカストの一部が変形に対応できずに残留液相部を起点に発生する割れ	「鋳造割れ」、「凝固割れ」などとも呼ばれる。凝固温度範囲（準固相温度範囲）が広い合金で発生しやすい
	② 冷間割れ		凝固完了後、液相のない固相線から室温までの冷却過程で発生する割れ。凝固完了後の収縮に伴う発生応力で、ダイカストの一部が変形に対応できず、変形に対応しにくい組織部分を起点に発生する割れ	伸びの小さい材料、場所などに発生しやすい。「残留応力による割れ」も含まれる
	③ ひけ割れ		凝固完了までに発生する、ひけ発生に伴う割れ。ひけに伴う液相の大幅な移動、減少が原因	溶湯補給が不十分で、残留液相が先行凝固部に移動して一部の固相（主にデンドライト）が残り、容易に割れやすい状態になるので、①の熱間割れに似ている割れではあるが、多くの合金で発生する
(2) 外部応力による割れ。材料、金型間の相互作用で発生する割れで、外部応力による割れ	① 離型割れ	1) 型開割れ	型開き時に発生する割れ。型開き時に、抱付き、焼付きなどの原因で過大な応力がダイカストの一部にかかり発生する割れ	抜勾配、表面状態、焼付きなどで発生する
		2) 押出割れ	型開き後あるいは型開き中に、ダイカストの押し出し時に発生する割れ	抜勾配、表面状態、焼付きなどで発生する
	② 後加工割れ	1) プレス、トリミングでの割れ	ビスケット、ゲートなどの不要部除去時の加工で発生する割れ	「欠けこみ」なども含まれる
		2) その他の加工で発生する割れ		取扱い不良でも発生する
(3) その他の割れ (1)、(2) に含まれないその他の割れ	① 腐食割れ	1) 応力腐食割れ	引張応力と腐食が原因で生じる割れ	Al-高Mg合金、Al-Cu系合金、Al-Zn-Mg系合金などで発生しやすい
		2) 粒間腐食割れ	材料自体の不純物成分が原因で粒界から進行する割れ	亜鉛合金ダイカストで問題となる
	② 時効割れ	1) 置割れ	長期間の自然時効などによる材料特性の劣化が原因で生じる割れ	Al-Mg系材料で問題となる

図 4-2-9 ひけ割れの例

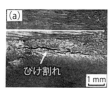  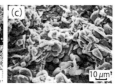

要点 ノート

ダイカストにはさまざまな割れが発生する。中でも冷却・凝固過程で発生する熱間割れ、冷間割れ、ひけ割れはダイカストの機械的性質を悪化させたり、耐圧性を損なったりするので注意が必要である。

157

2 ダイカストの品質と鋳造欠陥対策

破断チル層とその対策

❶破断チル層とは

　アルミニウム合金ダイカストは、コールドチャンバーマシンによって鋳造され、「破断チル層」と言われる特有の欠陥を発生します。**図4-2-10**にADC12に混入した破断チル層を示します。破断チル層は、周囲の溶湯と完全に融合できずに、不連続で脆弱な界面を形成しています。したがって、破断チル層が混入するとダイカストの実体強度を著しく低下させます。

❷破断チル層の発生原因

　コールドチャンバーダイカストでは、溶湯を射出スリーブ内に注湯してから、プランジャーチップを移動して金型キャビティに射出・充填します。通常、射出スリーブはバナナ変形（射出スリーブの下部が溶湯の熱で膨張して変形すること）を防止するために冷却され、せいぜい100～150℃程度であり、溶湯がスリーブ壁に接すると急激に熱を奪われます。また、射出スリーブとチップのクリアランスに溶湯が差し込むことを防止するために射出までの時間を延ばす（射出遅延）ことがあります。これらの間にスリーブ壁と接した溶湯は冷却され、場合によっては凝固を開始します。そこで発生した凝固層が、プランジャーチップの移動に伴い、破砕され溶湯と一緒に金型キャビティまで到達したものが破断チル層です。

　破断チル層以外にも、射出スリーブ内で発生する凝固層（異常組織）には、**図4-2-11**に示すような「粗大α-Al晶」や「塊状組織」があります。異常組織の発生状況は、合金の凝固形態によって異なります。凝固形態は、粥状型凝固と表皮形成型凝固に分けられ、固液共存幅の広い場合は前者、固液共存幅の狭い純金属や共晶組成の合金は後者になります。ADC6などのように亜共晶系の合金は、粥状凝固のため射出スリーブ内ではデンドライトの発達した状態で凝固が進行し、α-Al晶が主体の異常組織になります。それに対して、ADC12のような共晶組成に近い合金は、表皮形成型凝固のため射出スリーブ壁に沿って凝固殻が生成して破断チル層が主体の異常組織になります。

❸破断チル層の対策

　破断チル層対策（**表4-2-8**）としては、射出スリーブ内での溶湯の冷却凝固

の抑制、金型キャビティへの凝固層の流入防止があります。前者に関しては、スリーブの温度を上げてホットスリーブとする、セラミックスやサーメットなどの熱伝導率の小さいスリーブ材質を使う、粉体潤滑剤などの断熱系の潤滑剤を使用する、できれば50％以上にスリーブ内の溶湯充填率を上げる、ショットタイムラグを可能な限り短くする、鋳造温度を高くする、粥状凝固する合金系を選択する（ADC1, ADC12→ADC3, ADC10）などがあります。

また、後者に関しては、ビスケットを厚くする、ゲート近傍のランナー部にピンを立てる、ゲート厚さを薄くするなどがあります。

図 4-2-10 ADC12 ダイカスト内に混入した破断チル層

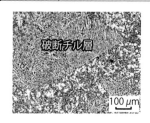

図 4-2-11 粗大α-Al 晶と塊状組織

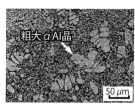
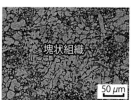

表 4-2-8 破断チル層の対策案

対策の方針	対 策 項 目
射出スリーブ内での溶湯の冷却凝固の抑制	・スリーブを加熱する（ホットスリーブ） ・熱伝導率の小さいスリーブ材質を使う（セラミックス、サーメットなど） ・スリーブ冷却の廃止 ・鋳造温度を高くする ・ショットタイムラグを可能な限り短くする ・低速速度を上げる ・断熱系の潤滑剤を使用する（粉体潤滑剤など） ・スリーブ内の溶湯充填率を上げる（できれば 50%以上）（ショートスリーブ、L/D 法など） ・粥状凝固する合金系を選択する（ADC1、ADC12→ADC3、ADC10）
キャビティへの凝固層の流入防止	・プランジャーチップの形状を工夫する ・ビスケットを厚くする ・ランナー形状を工夫する（円形または正方形） ・ゲート近傍のランナー部にピンを立てる ・ゲート厚さを薄くする

要点 ノート

破断チル層は、コールドチャンバーマシン特有の欠陥で、通常組織との界面に脆弱な境界層があり、著しくダイカストの機械的性質を悪化させる。その他、粗大α-Al 晶や塊状組織などの異常組織がダイカスト内に混入する。

2 ダイカストの品質と鋳造欠陥対策

ハードスポットとその対策

❶ハードスポットとは

　ダイカスト内部に混入した硬質の介在物を「ハードスポット」と言います。ハードスポットが加工面に現れると図4-2-12に示すように切削加工面に線状の傷を発生したり、光沢の異なる部分を発生したりします。ひどい場合には刃物の折損や異常摩耗が発生します。

❷ハードスポットの種類、発生原因、対策

　表4-2-9にハードスポットの種類、発生原因、対策を示します。図4-2-13にハードスポットの例を示します。非金属性ハードスポットは、金属以外の介在物が混入したハードスポットで、Alの酸化物、アルミニウム合金と耐火れんがの反応物などがあります。表4-2-10に代表的な非金属性ハードスポットの硬さおよび比重を示します。比重がアルミニウム合金溶湯の2.4より大きいため溶解・保持炉の底に堆積します。

　金属性ハードスポットは、Siや金属間化合物などが混入したハードスポットです。アルミニウム合金には、焼付きを防止するためFeが0.7～1.0％程度添加されていますが、溶解保持温度が低いとAlやSiとFeとの金属間化合物を形

| 図4-2-12 | 切削加工面に表れたハードスポット |

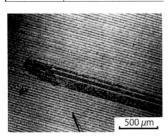

（出典：日本ダイカスト工業協同組合「ダイカスト　欠陥事例と組織写真」(2000)）

| 図4-2-13 | ハードスポットの例（(a)非金属性、(b)金属性、(c)複合、(d)偏析性） |

第4章 ダイカストのトラブルと対策

成します。表4-2-11に代表的な金属性ハードスポットの硬さおよび比重を示します。比重が大きいため炉底に堆積し、保持炉への給湯時に舞い上がり、ハードスポットとして混入します。

複合ハードスポットは、さまざまな種類のハードスポットが凝集して大きな塊となって形成されるものです。偏析性ハードスポットは、SiやCuなどの溶質元素の偏析によって発生するもので、硬さは200HV以下と低いですが、切削加工面の光沢が異なり異物が混入しているように見えるため問題となることがあります。

表4-2-9 ハードスポットの種類と発生原因、対策例

分 類	ハードスポットの例	発 生 原 因	対 策 項 目
非金属性ハードスポット	AlやMgなどの酸化物（Al_2O_3、MgOなど）	溶湯表面でAlやMgが酸化物を形成して混入	・溶解温度の適正化 ・溶湯表面の酸化物の除去
	アルミニウム合金と耐火れんがとの反応物（Al_2O_3、SiO_2など）	溶解炉、保持炉兼溶解炉などの耐火物と溶湯が反応して酸化物を形成して混入	・Alと反応しにくい耐火れんがを使用（アルミナれんがなど） ・剥離しにくい耐火れんがを使用
	異物（れんが粉、砂など）	炉材の耐火れんがや溶解用具のコーティング剤が機械的に損傷して混入	・炉の補修後の清掃を徹底 ・炉体を傷つけないように溶解 ・剥離しにくい耐火れんがを使用
金属性ハードスポット	未溶解Si	合金の溶製時に添加した金属Siが十分に溶けずに混入	・金属Siでなく母合金を添加 ・溶解温度、時間の管理
	初晶Si	溶湯を低温保持した際に生成した初晶Alの周囲にSiが濃化し、初晶Siが生成し混入	・低温で長時間溶湯を保持しない ・大きなインゴットでのコールドチャージを避ける
	金属間化合物（$Al_{15}Si_2(Fe,Mn)_3$、$FeAl_3$など）	焼き付き防止のために添加されたFe、Mnなどと金属間化合物を形成して混入	・Fe、Mnの添加量を低めにする ・溶湯温度をあまり低温にしない ・炉底のスラッジを舞い上がらせない
複合ハードスポット	溶湯と耐火れんがが反応してスラグ状の非金属性の反応物を生じ、これが溶湯中に混入し、さらに溶湯と反応して金属性の結晶を晶出する		・Alと反応しにくい耐火れんがを使用 ・定期的にれんがを積み替える ・炉壁の反応物を定期的に取り除く
偏析性ハードスポット	溶湯がキャビティを凝固しながら流動する過程で、合金成分の偏析が起こり、CuやSiなどの溶質が濃化して発生する		・鋳造温度、射出条件の適正化 ・Caの成分管理

表4-2-10 非金属性ハードスポットの例

称	分子式	硬さ（HV）	比重
コランダム	Al_2O_3	2500-3000	3.95
スピネル	$MgAl_2O_4$	1250	3.5-4.1
シリカ	SiO_2	1250	2.6-2.7
炭化けい素	SiC	3500	3.2

表4-2-11 金属性ハードスポットの例

合金系	分子式	硬さ（HV）	比重
Al-Mn 系	Al_6Mn	540	3.1
Al-Fe 系	$FeAl_3$	960	3.8
Al-Fe-Si 系	Al_4FeSi	578	3.3
Al-Si-Mn 系	$Al_{10}Mn_2Si$	958	3.7
Al-Si-Fe-Mn 系	$Al_{15}Si_2(Fe,Mn)_3$	920	3.8

要点 ノート

ハードスポットは、ダイカストの切削性を阻害したり、加工面に光沢の異なる部分を発生したりする硬さが 300 〜 500HV 以上の硬質の介在物で、非金属性、金属性、複合、偏析性などがある。

161

【3】 ダイカストの高品質化技術

特殊ダイカスト法の種類

❶普通ダイカスト法の限界

　図4-3-1に示すように製品内のガス量（1気圧・室温にした時の製品100g当たりに含まれるガス量）は、10〜50 mL/100gAlで、砂型鋳造や重力金型鋳造に比べると多く含まれます。その結果、溶体化処理を伴うT6熱処理や溶接などは難しいとされてきました。しかし、最近では図4-3-2のようなT6熱処理や溶接などが必要な自動車の足回り部品や、ボディ部品にダイカストを適用する技術の開発が進んでいます。これらの新しいダイカスト法を従来のダイカスト法（普通ダイカスト法）と区別して「特殊ダイカスト法」あるいは「高品質ダイカスト法」と言います。

❷特殊ダイカスト法の種類

　表4-3-1に、ひけ巣欠陥とガス欠陥の対策技術として開発された特殊ダイカスト法を示します。特殊ダイカスト法は、金型キャビティを低速で充填する方法と高速で充填する方法に分類されます。

　低速で充填する方法は、層流もしくは層流に近い状態で溶湯をキャビティに充填することで、空気やガスを金型の外に排出して製品内に巻き込むことを防止します。

　低速で充填するダイカスト法は、ガス量が少なくT6熱処理や溶接が可能ですが、充填時間が長くなるために薄肉製品には不向きで、主に厚肉で高品質が要求される部品の生産に適用されます。

　高速で充填する方法は、充填時間が短いために金型キャビティの空気やガスを排出できないので、溶湯の流入前あるいは流入中にそれらをなくす必要があります。それには、キャビティを真空にする方法とキャビティの空気やガスを溶湯と反応する活性なガスに置換する方法があります。

　高速で充填することで、薄肉ダイカストの製品にも適用できます。ただし、ひけ巣に対しては効果が小さいので、肉厚変化の大きな製品や厚肉の製品に関しては局部加圧ダイカスト法と組み合わせる必要があります。

第4章 ダイカストのトラブルと対策

図 4-3-1 | 各種鋳造法の製品内ガス量

	ガス量 mL/100gAl			
	0.1	1	10	100
	展伸材			
			砂型鋳造法	
		重力金型鋳造法		
				普通ダイカスト法
熱処理性	T6、T7 処理可能		ふくれ変形発生	
溶接性	可能		ピンホール発生	
耐圧性(油圧)	10～15MPa		10MPa以下	

図 4-3-2 | 特殊ダイカスト法の製品例

低速充填ダイカスト法
(NI法) によるナックル
アーム

ダイカスト
熱間バルジ成形
高真空ダイカスト法による
リアサスペンション

PFダイカスト法による
インレットハウジング

(写真提供：㈱アーレスティ)

表 4-3-1 | 特殊ダイカスト法の種類と特徴

分類	ダイカスト法	特徴
低速充填	低速充填ダイカスト法	低速（層流もしくはそれに近い）で充填されるのでガス欠陥が少なく、溶接や熱処理が可能。薄肉製品には不向き
	スクイズダイカスト法	低速で充填し、高圧力を付加するのでガス欠陥、ひけ巣が発生しにくい。溶接やT6熱処理が可能。薄肉製品には不向き
	セミソリッドダイカスト法	固液共存状態で充填するのでひけ巣も少なく、耐圧性に優れる。鋳バリの発生も少ない。金型への熱負荷が少なく型寿命が長い。低速で充填するとガス欠陥を低減できるので溶接やT6熱処理が可能
高速充填	高真空ダイカスト法	金型キャビティを高真空（10kPa以下）にするので、ガス欠陥が少なく溶接やT6熱処理が可能。高速で充填するので薄肉製品に向く。ひけ巣対策が必要である
	PFダイカスト法	金型キャビティを酸素で置換した後に溶湯を充填するので瞬間的に真空状態になり、ガス欠陥が少なく溶接や熱処理が可能。高速で充填するので薄肉製品に向く。ひけ巣対策が必要である
	局部加圧ダイカスト法	溶湯を充填してから所定の時間経過後に加圧ピンを前進させてひけ巣の発生を抑制するもので、気密部品の生産に有効である

要点 ノート

一般的に使用されているダイカスト法（普通ダイカスト法）では生産が難しい高品質なダイカストを生産する方法として「特殊ダイカスト法」が開発され、T6熱処理や溶接が可能となり、ダイカストの用途が拡大しつつある。

【3】ダイカストの高品質化技術

低速充填ダイカスト

❶低速充填ダイカスト法の原理

「低速充填ダイカスト法」は、金型キャビティを溶湯が乱れなく流動することで空気やガスを巻き込まずに、順次金型外へ排出して充填する方法です。溶湯が乱れなく流れる状態を「層流」と言い、乱れた流れを「乱流」と言います。乱流か層流かを判断するパラメータとして、式（*4-3-1*）に示すレイノルズ数（Reynolds number）：R_eがあり、大きいほど乱流になりやすくなります。

$$R_e = \frac{vL}{\mu / \rho} \qquad (4\text{-}3\text{-}1)$$

v：流体の流速（m/s）、L：代表長さ（断面が円の場合は直径）（m）、
μ：流体の粘性（Pa・s）、ρ：流体の密度（kg/m³）

層流と乱流の境界の値を「臨界レイノルズ数」と言い、通常は2300～3000と言われます。低速充填ダイカスト法では、キャビティを流れる溶湯がこの範囲以下に設定する必要があります。

❷低速充填ダイカストの事例

（a）スクイズダイカスト法

スクイズダイカスト法は、**図4-3-3**に示すように傾転した縦型の射出スリーブ内に溶湯を注湯した後に、スリーブを金型部に連結し、厚いゲートから溶湯を静かに金型キャビティに充填する方法です。60～110MPaの高圧力で加圧することにより、ひけ巣が少なく微細な凝固組織を有する鋳物を得ることができます。また、ガスの含有量も1mL/100gAl以下と少ないことからT6熱処理や溶接が可能で、自動車のホイールやエンジンマウントなどの高強度・高延性を必要とするダイカストが生産されています。

（b）低速横型充填ダイカスト法

低速横型充填ダイカスト法は、**図4-3-4**に示すように横型ダイカストマシンを用いて射出速度が0.03～0.06m/sの低速で充填する方法です。射出速度が遅いため、射出スリーブ内での溶湯が冷却しないようにスリーブにヒーター加熱を行うとともに、断熱系のチップ潤滑剤を使用しています。また、厚肉部のひけ巣対策として局部加圧ダイカストを用いています。高耐圧性の要求される

164

ABSハウジングなどが生産されています。

(c) NI法（New Injection Die Casting Process）

NI法は、図4-3-5に示すようなエア加圧により直接に金型キャビティへ溶湯を充填し、加圧子により加圧する方法です。ランナーやキャビティ表面に粉体離型剤を塗布し、充填過程中での溶湯の冷却・凝固を防止し、層流で金型キャビティに溶湯を充填するため空気の巻き込みも少なく、アッパーリンク、ロアアームやナックルアームのようなT6熱処理した機械的性質の優れた鋳物を生産しています。

図 4-3-3　スクイズダイカスト法

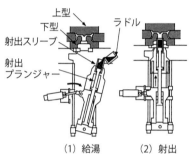

(1) 給湯　　(2) 射出

（出典：安達 充「鋳造工学」71(1999)131.）

図 4-3-4　低速横型充填ダイカスト法

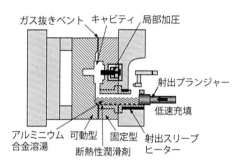

（出典：竹久文隆ほか「鋳物」66(1994)506.）

図 4-3-5　NI法

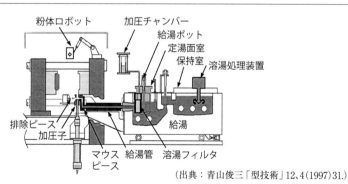

（出典：青山俊三「型技術」12、4(1997)31.）

要点 ノート

低速充填ダイカスト法は、層流あるいはそれに近い状態で溶湯を金型キャビティに充填する方法で、ガスの巻き込みの少ないダイカストを生産できるが、薄肉ダイカストは不得意である。

【3】ダイカストの高品質化技術

セミソリッドダイカスト

❶セミソリッドダイカスト法の原理

　通常の合金の凝固は、樹枝状（デンドライト）晶として晶出します。**図4-3-6**に金属ではありませんが、塩化アンモニウム（NH_4Cl）水溶液から固相の塩化アンモニウムが晶出する様子を示します。固相は枝を伸ばしながら成長し［(1)〜(2)］、さらには枝同士が接触し［(3)〜(4)］、次第に結晶粒界を形成します（5）。結晶が単独で存在している間は水溶液が流動できますが、枝同士が接触すると流動できなくなります。これが「流動停止」です。

　合金の場合、流動停止は凝固形態に依存しますが、通常の合金では流動が停止する固相率は0.6程度と言われています。ところが、溶湯が撹拌されていると、デンドライトの枝が分断されて結晶が粒状に成長します。その結果、固相率が高くなっても力を加えることで流動可能な状態になります。これを「チクソトロピー性」と言います。この性質を利用してダイカストする方法を「セミソリッドダイカスト法」と言います。**図4-3-7**にセミソリッドダイカスト品のミクロ組織を示します。初晶のα-Al晶が粒状化しているのがわかります。

　セミソリッドダイカスト法は、凝固収縮量が少なくひけ巣が発生しにくい、粘性流動のためガスの巻き込みが少ない、潜熱量が少なく金型寿命が長い、などの特徴があります。

❷セミソリッドダイカスト法の種類

　この方法には、レオキャスト法とチクソキャスト法があります。

　「チクソキャスト法」は、初晶を粒状にしたビレットを再加熱して半溶融状態にした後、ダイカストマシンの射出スリーブに投入して射出・充填する方法です。「半溶融ダイカスト法」とも言われます。**図4-3-8**にチクソキャストの生産システムを示します。ビレットは加熱ステーションを公転しながら、高周波加熱により順次半溶融状態に加熱されます。その後、ロボットによりハンドリングして射出スリーブに投入されます。

　「レオキャスト法」は、溶湯を撹拌しながら冷却して初晶を粒状（スラリーと言います）にし、所定の固相率（0.5〜0.6）に達したらダイカストマシンの射出スリーブに投入して射出・充填する方法です。「半凝固ダイカスト法」と

も呼ばれます。図4-3-9にスラリーの製造装置の例を示します。電磁攪拌装置内のステンレス製カップに溶湯を注湯し、急速に冷却することで核生成数を多くして、きわめて短時間（数十秒〜数分）に溶湯をセミソリッド状態にします。

| 図4-3-6 | 塩化アンモニウム（NH$_4$Cl）水溶液の凝固 |

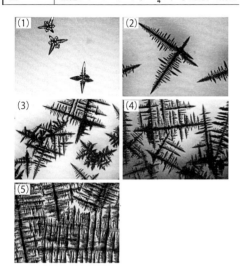

| 図4-3-7 | セミソリッドダイカスト品のミクロ組織 |

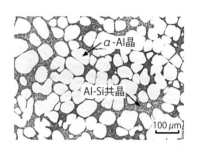

| 図4-3-8 | チクソキャストの生産システム |

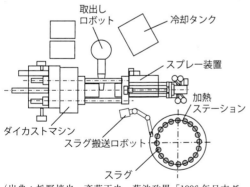

（出典：松野慎也、斉藤正央、菊池政男「1996年日本ダイカスト会議論文集」(1996) 209.）

| 図4-3-9 | スラリー製造装置 |

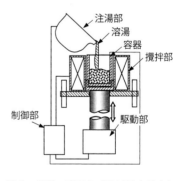

（出典：渡邉一彦ほか「2004日本ダイカスト会議論文集」JD04-38(2004)229.）

要点 ノート

セミソリッドダイカスト法は、粒状の固相を晶出させた溶湯（シャーベット状）のチクソトロピー性を利用してダイカストする方法で、ひけ巣やガスの巻き込みの少ないダイカストを生産できる。

3 ダイカストの高品質化技術

高真空ダイカスト

❶高真空ダイカスト法の原理

「真空ダイカスト法」は、射出スリーブ内、金型キャビティの空気やガスを強制的に排気する方法で、湯流れ性の改善やガス量の低減を目的に用いられてきました。真空度は20～50kPaで、製品内ガス量は5～20mL/100gAl程度でT6熱処理や溶接などは難しいレベルでした。しかし最近では金型キャビティの真空度を10kPa以下にする高真空ダイカスト法が開発されています。製品内のガス量は2～3mL/100gAl以下で、T6熱処理や溶接が可能です。

図4-3-10に高真空ダイカスト法の金型および付随装置の例を示します。キャビティの真空度を10kPa以下にするために金型パーティング面、押出ピンクリアランス、プランジャーチップと射出スリーブのクリアランスなどにシールを行います。射出時に溶湯が真空系に流入しないように真空弁を取り付けます。真空弁には、溶湯の慣性力を利用したもの、チルベントを利用したもの、電磁バルブを利用したものがあります。真空弁の先には、真空タンクと真空ポンプが設けられます。

真空タンクの容量は、式（4-3-2）で見積もれます。

$$V_t = \left(\frac{P_a}{P_v} - 1 \right) V_c \qquad (4\text{-}3\text{-}2)$$

V_t：真空タンク容量、P_a：大気圧（101kPa）、V_c：真空にする体積（キャビティ＋スリーブ＋ランナー）（L）、P_v：キャビティ真空度（kPa）、M_d：製品質量、ρ：鋳造合金の密度

スリーブ充填率を50％、ランナーを製品部と同体積と仮定すると、製品質量（M_d）に対してのV_cは式（4-3-3）で見積もられます。

$$V_c = 2.5 \frac{M_d}{\rho} \qquad (4\text{-}3\text{-}3)$$

図4-3-11に真空タンク容量と真空度の関係を示します。たとえば、到達真空度を10kPaとした時の真空タンクの容量は、製品質量1kgで9L、10kgでは94Lが必要となります。実際には、シールからのリークや離型剤やチップ潤

滑剤からのガスの発生、排気経路体積を考慮すると真空タンクの容量はこの数倍は必要になると言われています。なお、離型剤、チップ潤滑剤はできる限りガス発生の少ないものを選択することが大切です。

❷高真空ダイカスト法の事例

図4-3-12にVacural法の概略図を示します。この工法の特徴は、射出スリーブと保持炉の溶湯がサクションパイプで連結されており、金型キャビティおよび射出スリーブ内を真空にし、大気圧との差圧により射出スリーブ内に溶湯を吸い上げるため、長時間の真空吸引ができ4 kPa以下の真空度が得られ、製品内のガス量は1～3 mL/100gAlで、T6熱処理や溶接が可能です。

図 4-3-10 | 高真空ダイカスト法の金型および付随装置の例

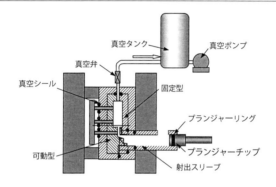

図 4-3-11 | 真空タンク容量と真空度の関係   図 4-3-12 | Vacural法の概略図

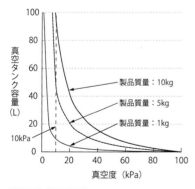 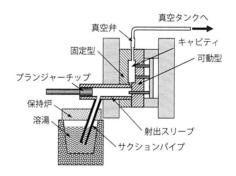

要点 / ノート

高真空ダイカストは、T6熱処理や溶接が必要な薄肉ダイカスト製品の生産に適した鋳造法で、自動車の足回り部品やボディ部品が生産されている。シール技術、真空バルブ技術、潤滑・離型剤の選択が必要である。

3 ダイカストの高品質化技術

PFダイカスト法、局部加圧技術

❶PFダイカスト法

「PFダイカスト法」は、**図4-3-13**に示すように給湯口をプランジャーチップでふさいだ後に給湯口の前の穴から活性ガス（主に酸素）を吹き込み、射出スリーブ内、ランナー、金型キャビティの空気を置換します。さらにプランジャーチップを後退させてアルミニウム合金溶湯（L）を注湯し、高速で射出します。高速で射出され噴霧状に飛散するアルミニウム合金溶湯と接した酸素ガス（G）は、次の化学式で示す化学反応により固体のAl_2O_3の微粒子（S）になるため、体積が急激に減少して金型キャビティは瞬間的に真空状態になります。

$$Al(L) + O_2(G) \rightarrow Al_2O_3(S)$$

PF法では、酸素との反応を促進するため、第2章第3節で述べたJ値を大きくして溶湯を噴霧状にするために**図4-3-14**に示すようなピンゲート（小さな穴からなるゲート）が推奨されています。

製品内には、空気の巻き込みによるブローホールの発生を大幅に減少できることからPF法（Pore Free法）と呼ばれます。製品内のガス量は3mL/100gAl以下でT6熱処理や溶接が可能となります。

❷局部加圧ダイカスト法

「局部加圧ダイカスト法」は、**図4-3-15**に示すように溶湯がキャビティを充填完了した後の凝固途中で、ひけ巣を発生しやすい製品の厚肉部を加圧ピンにより局部的に加圧して所定の位置まで前進させて、ひけ巣発生部位に溶湯を補給する方法です。加圧力は、鋳造圧力より大幅に高い（1.5倍以上）圧力を付加します。加圧には油圧シリンダーが使用され、加圧力は式（4-3-4）で表されます。

$$F_s = P_h \cdot \left(\frac{D_h}{D_p}\right)^2 \qquad (4\text{-}3\text{-}4)$$

F_s：加圧力（MPa）、P_h：油圧（MPa）、D_h：油圧シリンダーヘッド径（m）、D_p：局部加圧ピン径（m）

図4-3-16にADC12合金ダイカストの局部加圧の有無によるX線透過画像を示します。（a）は加圧ピンを動作させないもので、全体的に微細な鋳巣が広範

囲に形成されていますが、(b) の加圧ピンを動作させたものでは鋳巣が大幅に低減しています。局部加圧では加圧タイミングが重要で、早すぎると加圧ピンがストロークエンドに達して加圧効果が得られません。また、遅すぎると凝固が進みすぎて加圧ピンが前進できません。局部加圧ダイカスト法は、比較的安価な設備でできるため現在では広く採用されています。ただし、ガス欠陥に起因するブローホールには十分な効果が得られない場合があります。

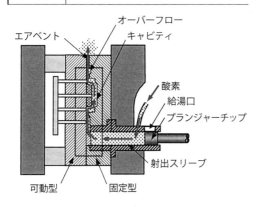

図 4-3-13 | PFダイカスト法の概略図

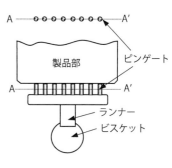

図 4-3-14 | ピンゲートの模式図

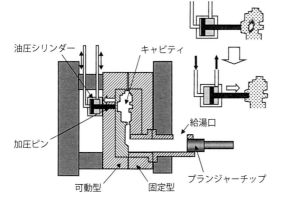

図 4-3-15 | 局部加圧ダイカスト法の概略図

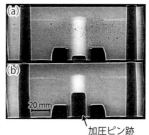

図 4-3-16 | ADC12合金ダイカストの局部加圧の有無によるX線透過画像

(出典：井澤龍介「横浜国立大学学位論文」(2014))

要点 ノート

PFダイカスト法は、アルミニウム合金溶湯と酸素との化学反応を利用して瞬間的に真空状態を得るダイカスト法である。また、局部加圧ダイカスト技術は、製品の厚肉部に直接溶湯補給をしてひけ巣を減少させる技術である。

コラム

● 内部欠陥 ●

①隅ひけ巣

　厚肉があるダイカストの隅部の内側に発生する空洞を「隅ひけ巣」と言います。しばしば鋳肌面に繋がっていることがあります。金型の角部に熱が集中してホットスポットとなり、製品隅部が最終凝固部となることで発生します。

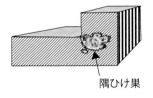
隅ひけ巣

②ざく巣

　ダイカストの厚肉部や急激に肉厚の変化した部分などにおいて発生する海綿状あるいは多孔質の微細な空洞のことを「ざく巣」と言います。ざく巣の発生原因はひけ巣と同様に凝固収縮によって発生しますが、ADC6のような粥状凝固する合金に見られます。

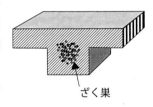
ざく巣

③ミクロポロシティ（水素ガスポロシティ）

　ダイカストの肉厚中心部などに発生する微細な空洞のことをミクロポロシティと言います。肉眼では判別できないほどの大きさです。溶湯中に溶解した原子状の水素が、凝固時に過飽和になって水素ガスの気泡として現れるものです。

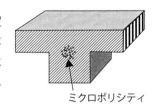
ミクロポリシティ

④湯玉

　製品内で二次元的に円形、三次元的には球状の形態をしている組織を「湯玉」と言います。表面は酸化皮膜で覆われ、通常組織との間に明確な境界があります。発生原因は、金型キャビティに射出された溶湯が、金型壁に衝突して液滴状に飛散し、急冷されたことによります。

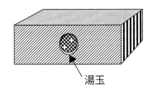
湯玉

（模式図の出典：日本鋳造工学会「ダイカストの鋳造欠陥・不良及び対策事例集」（2000））

【参考文献】

1) 「絵とき『ダイカスト』基礎のきそ」西 直美著、日刊工業新聞社（2015）

2) 「わかる！使える！鋳造入門」西 直美著、日刊工業新聞社（2018）

3) 「ダイカストの欠陥・不良を考える」西 直美著、ダイカスト新聞社（2017）

4) 「ダイカストの標準　DCS M〈材料編〉」（一社）日本ダイカスト協会（2006）

5) 「ダイカストの標準　DCS Q〈品質編〉」（一社）日本ダイカスト協会（2007）

6) 「ダイカストの標準 DCS E〈製品設計編〉」（一社）日本ダイカスト協会（2006）

7) 「ダイカストの標準　DCS D1〈金型編〉第4版」（一社）日本ダイカスト協会（2008）

8) 「ダイカストの標準 DCS P1 アルミニウム合金ダイカスト〈作業編〉」（一社）日本ダイカスト協会（2005）

9) 「ダイカストって何？」（一社）日本ダイカスト協会（2003）

10) 「新版　ダイカスト技能者ハンドブック」（一社）日本ダイカスト協会（2012）

11) 「ダイカスト品質ハンドブック」（一社）日本ダイカスト協会（2016）

12) 「亜鉛ダイカストハンドブック〈改訂第2版〉」（一社）日本ダイカスト協会、日本鉱業協会編（2011）

13) F.C.Bennett：Trans.4th National Die Casting Congress, Paper No.503（1966）

14) G.Ulmer：Trans.,6th International Die Casting Congress（1969）, Paper No.9

15) G.Lieby：Giesserei,58（1971）182

16) William Walkington："SEVEN STEPS TO QUALITY GATING DESIGN", NADCA（2001）

17) 「軽合金鋳物・ダイカストの生産技術」（一財）素形材センター（2000）

18) 「ダイカストのコンピュータシミュレーション活用事例集」（一社）日本ダイカスト協会（2004）

19) 「ダイカスト金型の設計・製作」小林三郎著、日刊工業新聞社（1993）

20) M.C.Flemings：Solidification Processing, McGraw-Hill,（1974）

21) 「ダイカストの離型に関する調査研究」（一社）日本ダイカスト協会（1999）

22) 「環境対応型亜鉛合金ダイカストの調査研究」（一社）日本ダイカスト協会（2013）

23) 「ダイカスト金型寿命調査報告書」（一社）日本金型工業会（1980）

24) 「ダイカストの型割れ対策の研究」（一社）日本ダイカスト協会（2000）

25) 「ダイカストの型割れ対策の研究報告書3」（一社）日本ダイカスト協会（2005）

26) 「アルミ合金ダイカストの実態強度と顕微鏡組織」（一社）日本ダイカスト協会（2011）

27) 「ダイカスト 欠陥事例と組織写真」日本ダイカスト工業協同組合（2000）

28) 「ダイカストの鋳造欠陥・不良及び対策事例集」日本鋳造工学会編（2000）

29) 青山俊三：型技術12、4（1997）31

30) 松野慎也、斉藤正央、菊池政男：1996年日本ダイカスト会議論文集（1996）209

31) 渡邉一彦他：2004日本ダイカスト会議論文集JD04-38（2004）229

32) 井澤龍介：横浜国立大学学位論文「ADC12合金ダイカストにおける疲労強度設計と疲労限度向上に関する研究」（2014）

33) 安達充：鋳造工学、71（1999）131

34) 竹久文隆他：鋳物、66（1994）506

【索引】

数・英

3Dモデル	70
ADC6、ADC12、ADC14	17
ASTM引張試験片	131
AZ91D	22
CAE	70
CDV法	42
J値	64
Kモールド法	96
MDC1D	22
NI法	165
PFダイカスト法	170
$P-Q^2$線図	66
PVD法	42
SKD6、SKD61	40
T4、T5、T6、T7	120

あ

亜鉛合金ダイカスト	12、20
荒バリ	118
アルマイト	127
アルミナイズド処理	98、100
アルミニウム合金ダイカスト	12、16
アンダーカット	56
安定化処理	120
一次地金	90
鋳肌	54
鋳バリ	148
鋳バリ取り	118
入子	38
インサート	58
エアベント	76
エロージョン	142
エンドゲート	74
応力解析	71
オーバーフロー	76

大割れ	138
置中子	56
押出装置	26
押出ピン	84
押出力	116
おも型	38、40

か

外観品質の検査	128
回転脱ガス法	94
化学成分の検査	128
欠け込み	44
かじり傷	88
化成処理	126
カセット式スプレー	111
硬さ試験	130
型締装置	26
型締	112
型侵食	142
型侵食傷	88
型ずれ	44
型変形	144
型割れ	138
活字鋳造法	14
金型温度	104
金型温度解析	71
金型設計	47、78
金型損傷	134
金型鋳造法	10
金型の清掃	110
金型分割面	78
金型冷却	86
幾何公差	52
キャビティレイアウト	78
キュアリング	114
凝固解析	71
凝固収縮	154
局部加圧ダイカスト法	170
許容充填時間	62
切粉	91

金属性ハードスポット	161
均肉化	49
傾斜ピン式中子	39
ゲート	74
ゲート速度	107
ゲート部の巣	132
ゲートランナー	74
削り代	54
減圧凝固法	94
高延性・高靭性ダイカスト用合金	18
高真空ダイカスト法	168
高速射出速度	107
コールドチャージ	98
コールドチャンバーマシン	32
固定式スプレー	111
コロージョン	142

さ

サイクルタイム	108
最小肉厚	48
サイドゲート	74
ざく巣	172
地金	90
自動給湯装置	36
自動製品取出装置	37
自動プランジャーチップ潤滑装置	36
自動離型剤スプレー装置	36
射出スリーブ	72
射出装置	26
射出波形	113
充填時間	62、104
衝撃試験	130
ショットブラスト	118
浸漬ヒーター	93
水素ガスポロシティ	172
スクープゲート	74

錫合金　　　　　　　　25
砂型鋳造法　　　　　　10
スパーク放電発光分
　　光分析法　　　　　96
隅ひけ巣　　　　　　172
スリップゲート　　　　74
寸法検査　　　　　　128
寸法公差　　　　　　52
製品設計　　　　　　46
製品取出し　　　　　116
精密鋳造法　　　　　10
折損　　　　　　　　144
セミソリッド
　　ダイカスト法　　166
増圧　　　　　108、114
早期割れ　　　　　　138
外びけ　　　　　　　132

た

ダイカスト金型　　　38
ダイカストマシン　　26
ダイライン　　　　　66
脱ガス処理　　　　　94
タワー式急速溶解炉　93
チクソキャスト法　　166
縮み代　　　　　　　80
窒化処理　　　　　　42
鋳造圧力　　　　　　108
鋳造温度　　　　　　104
鋳造欠陥　　　　　　146
鋳造方案　　　　　　60
鋳造方案設計　　　　46
注湯　　　　　　　　112
直流式冷却管　　　　87
疲れ試験　　　　　　130
低圧鋳造法　　　　　11
低速-高速切り換え　106
低速射出速度　　　　106
低速充填ダイカスト法164
デンドライト　　　　154
銅合金ダイカスト　13、24
ドーラー　　　　　　14
トリミング　　　　　118

な

内部品質の検査　　　128
中子ずれ　　　　　　44
鉛合金　　　　　　　25
ニアネットシェイプ　9
肉厚　　　　　　　　48
二重乗り　　　132、152
抜勾配　　　　　　　50
熱応力　　　　　　　136
熱間割れ　　　　　　156
熱処理　　　　　42、120
熱変形　　　　　　　44
伸び尺違い　　　　　44

は

ハードスポット122、160
はがれ　　　　　　　152
白層　　　　　　　　42
破断チル層　　　　　158
パッドゲート　　　　74
バレル研磨　　　　　118
ヒートチェック　　　136
引抜中子　　　　39、56
非金属性ハードスポット
　　　　　　　　　　161
ひけ巣　　　　　　　154
ひけ割れ　　　　　　156
ひずみ取り　　　　　120
引張試験　　　　　　130
表面処理　　　　42、126
フィン　　　　　　　58
複合ハードスポット　161
ふくれ　　　　　　　132
プラズマCVD（PCVD）法
　　　　　　　　　　42
プランジャーチップ潤滑剤
　　　　　　　　　　102
ブルース　　　　　　14
ブローホール　　　　154
プロセスポイント　　68
噴流式冷却管　　　　87
へたり　　　　　　　145
ベルヌーイの定理　　28

偏析性ハードスポット161
崩壊性中子　　　　　56
ボス　　　　　　　　58
ホットチャージ　　　98
ホットチャンバーマシン34
マグネシウム合金
　　ダイカスト12、22、100

ま

丸み（フィレット）　58
身食い　　　　　　　44
ミクロポロシティ　　172
めくれ　　　　　　　152
めっき　　　　　　　126
メッシュ分割　　　　70

や

焼入れ　　　　　　　42
焼付き　　　　　　　140
焼付き傷　　　　　　88
焼戻し　　　　　　　42
有機系含浸剤　　　　124
湯玉　　　　　　　　172
湯流れ解析　　　　　71
湯流れ欠陥　　　　　150
陽極酸化処理　　　　126
溶湯動圧　　　　　　66

ら・わ

ランスパイプ　　　　94
ランナー　　　　　　72
離型剤　　　　　　　102
離型力　　　　　84、116
リターン材　　　　90、92
リブ　　　　　　　　58
粒間腐食　　　　　　20
流量係数　　　　　　66
冷間割れ　　　　　　156
レイノルズ数　　　　164
レオキャスト法　　　166
連続の式　　　　　　30
割れ欠陥　　　　　　156

175

著者略歴

西　直美 (にし　なおみ)

1955 年	長野県に生まれる
1985 年	東海大学大学院工学研究科 金属材料工学専攻博士課程修了（工学博士）
1985 年	リョービ株式会社入社
2002 年	一般社団法人日本ダイカスト協会
2016 年	ものつくり大学技能工芸学部総合機械学科 教授 現在に至る

専門分野：材料工学、鋳造工学

主な著書

「ダイカストを考える」ダイカスト新聞社（2010）
「トコトンやさしい　鋳造の本」（共著）日刊工業新聞社（2015）
「絵とき　ダイカスト基礎のきそ」日刊工業新聞社（2015）
「ダイカストの欠陥を考える」ダイカスト新聞社（2017）
「わかる！使える！鋳造入門」日刊工業新聞社（2018）

NDC 566

わかる！使える！ダイカスト入門
〈基礎知識〉〈段取り〉〈実作業〉

2019 年 8 月 20 日　初版 1 刷発行　　　　　定価はカバーに表示してあります。
2025 年 4 月 18 日　初版 6 刷発行

©著者	西　直美	
発行者	井水 治博	
発行所	日刊工業新聞社	〒103-8548 東京都中央区日本橋小網町14番1号
	書籍編集部	電話 03-5644-7490
	販売・管理部	電話 03-5644-7403　FAX 03-5644-7400
	URL	https://pub.nikkan.co.jp/
	e-mail	info_shuppan@nikkan.tech
	振替口座	00190-2-186076

企画・編集	エム編集事務所
印刷・製本	新日本印刷㈱（POD5）

2019 Printed in Japan　　落丁・乱丁本はお取り替えいたします。
ISBN　978-4-526-07997-9　C3057
本書の無断複写は、著作権法上の例外を除き、禁じられています。